普通高等教育"十三五"规划教材

高等学校规划教材·计算机系列

C语言程序设计上机实验与习题指导

主　编　孙家启　万家华
副主编　张怡文　汪红霞
编　委（按姓氏笔画排序）
　　　　万家华　孙家启　张怡文　汪红霞
　　　　贺爱香　徐　梅　郭　元

北京师范大学出版集团
BEIJING NORMAL UNIVERSITY PUBLISHING GROUP
安徽大学出版社

图书在版编目(CIP)数据

C语言程序设计上机实验与习题指导/孙家启,万家华主编.—合肥:安徽大学出版社,2018.12(2024.6重印)
高等学校规划教材.计算机系列
ISBN 978-7-5664-1737-4

Ⅰ.①C… Ⅱ.①孙… ②万… Ⅲ.①C语言-程序设计-高等学校-教学参考资料 Ⅳ.①TP312.8

中国版本图书馆 CIP 数据核字(2018)第 282114 号

C语言程序设计上机实验与习题指导
C YUYAN CHENGXU SHEJI SHANGJI SHIYAN YU XITI ZHIDAO

孙家启 万家华 主编

出版发行:	北京师范大学出版集团 安 徽 大 学 出 版 社 (安徽省合肥市肥西路 3 号 邮编 230039) www.bnupg.com www.ahupress.com.cn
印　　刷:	安徽省人民印刷有限公司
经　　销:	全国新华书店
开　　本:	787 mm×1092 mm　1/16
印　　张:	9
字　　数:	170 千字
版　　次:	2018 年 12 月第 1 版
印　　次:	2024 年 6 月第 6 次印刷
定　　价:	28.00 元

ISBN 978-7-5664-1737-4

策划编辑:刘中飞　宋　夏　　　　**装帧设计:**孟献辉
责任编辑:张明举　　　　　　　　**美术编辑:**李　军
责任印制:赵明炎

版权所有　侵权必究
反盗版、侵权举报电话:0551—65106311
外埠邮购电话:0551—65107716
本书如有印装质量问题,请与印制管理部联系调换。
印制管理部电话:0551—65106311

C语言是国内外广泛使用的计算机语言,多年来,在国内得到了迅速地推广,许多学校相继开设了C语言程序设计课程。编者于1998年在安徽大学出版社出版了《C语言程序设计》和《C语言程序设计上机实验》教材,于2001年对该套教材进行了第1次修订。该修订版教材被列为安徽省教育厅组编的计算机基础教育系列教材之一,成为安徽省高校C语言教学主流用书。后又于2013年结合C语言最新技术发展和平台要求,进行了第2次修订。

本次是第3次修订,根据计算机技术的发展及教学要求,并梳理了多年来专家和读者反馈的建议和意见,编者对前版教材及实验的内容和版本进行调整和更新,与时代发展相适应,从而以更好的形象呈现在读者面前。

应当指出,学习C语言程序设计课程只靠看书和听课远远不够,C语言程序设计不仅需要必要的理论指导,更需要丰富的实践练习,实践出真知,只有经过自己的亲身实践,才能将书本中的理论转化成自己的能力。因此,在学习中必须重视实践环节,即编写程序和调试程序环节。

《C语言程序设计上机实验与习题指导》是《C语言程序设计教程》配套辅导书,是为了帮助读者更好地进行C语言程序设计实践而编写的,全书分为3个部分。

第1部分是C语言程序设计上机实验。在这部分中安排的了9个实验,详细介绍了目前多数用户广泛应用的Visual C++6.0集成环境的上机过程和语法知识。

由于篇幅和课时限制,在教材和课堂讲授中只能介绍一些典型的例题,建议读者除了完成教师指定的习题和实验外,尽可能阅读本书介绍的全部程序,并上机运行,以开阔思路,提高编程能力。

第2部分是习题参考答案。对于编程题,首先对题目进行分析,除给出参考程序外,有的还给出了运行结构,以便读者对照分析。应该说明是本书提供的程序答案并非唯一正确的答案,对于同一题目,可以有多种解决方案,本书提供的答案并不一定是最佳的。读者在使用本书时,千万不要照搬照抄,最好自己先思考、编程,解决出问题后,再与参考答案进行对照,分析各自的优缺点。

第3部分是计算机水平考试样卷。为了帮助读者更好地备战等级考试,本书提供了几套样卷,供读者自我检验使用,在检验中发现自己学习中的薄弱,进而进行针对性的复习与巩固,最终顺利通过考试。

　　本书由孙家启、万家华担任主编,张怡文、汪红霞担任副主编。实验1和第1章参考答案由孙家启编写,实验2、3和第2、3章习题参考答案由徐梅编写,实验4、8和第4、8章习题参考答案由万家华编写,实验5、6和第5、6章习题参考答案由汪红霞编写,实验7、9和第7、9章习题参考答案由张怡文编写,另外,C语言程序设计样卷由万家华提供,贺爱香和郭元提供本书部分资料,表示感谢。

　　由于编者水平有限,书中难免存在一些错误,希望读者不吝赐教,以便我们再版时修正。

编　者

2018 年 8 月

目录 Contents

第 1 部分　C 语言程序设计上机实验 ... 1

实验 1　预备知识 ... 3

实验 2　表达式与输入输出函数 ... 13

实验 3　分支结构 ... 18

实验 4　循环结构程序 ... 25

实验 5　数组 ... 31

实验 6　函数 ... 39

实验 7　指针 ... 45

实验 8　结构体与共用体 ... 52

实验 9　文件与位运算 ... 55

第 2 部分　习题参考答案 ... 65

第 1 章习题答案 ... 67

第 2 章习题答案 ... 68

第 3 章习题答案 ... 70

第 4 章习题答案 ... 73

第 5 章习题答案 ... 78

第 6 章习题答案 ... 83

第 7 章习题答案 ... 90

第 8 章习题答案 ... 96

第 9 章习题答案 ... 100

第 3 部分　计算机水平考试样卷 ·· 105

全国计算机等级考试笔试试卷(二级)C 语言程序设计 ························· 107

全国高等学校(安徽考区)计算机水平考试试卷(二级)C 语言程序设计(一)
··· 119

全国高等学校(安徽考区)计算机水平考试试卷(二级)C 语言程序设计(二)
··· 126

全国高等学校(安徽考区)计算机水平考试试卷(二级)C 语言程序设计(三)
··· 131

参考文献 ·· 135

第1部分

C语言程序设计上机实验

实验 1 预备知识

【实验目的】

(1) 通过运行简单的 C 程序,初步了解 C 源程序的特点;

(2) 了解在该系统上如何编辑、编译、连接和运行一个 C 程序。

【实验准备】

(1) 了解 Visual C++6.0 的使用方法;

(2) 熟悉编辑、编译、连接和运行的快捷键的使用;

(3) 熟悉运行程序的流程。

【实验步骤】

(1) 编辑源程序;

(2) 连接并运行程序;

(3) 检查输出结果是否正确。

1. 程序设计的基本步骤

计算机只能识别和执行由 0 和 1 组成的二进制的指令,而不能识别和执行用 C 语言编写的指令。为了使计算机能执行源程序,必须先用一种称为"编译程序"的软件,把源程序翻译成二进制形式的"目标程序",然后再将该目标程序与系统的函数库以及其他目标程序连接起来,形成可执行的目标程序。

用 C 语言设计一个应用程序,需要经历以下几个基本步骤:

(1) 分析需求:了解清楚程序应有的功能。

(2) 设计算法:根据所需功能,找出完成功能的具体步骤和方法,其中每一步都应当是简单的、确定的、有限步骤的。也称为"逻辑编程"。

(3) 编写程序:按照 C 语言语法规则在编辑界面编写源程序。将源程序逐个字符输入到计算机内存,并保存为文件,文件扩展名为".C"。

(4) 编译程序:将已编辑好的源程序翻译成计算机识别的二进制代码文件,成为目标程序,其扩展名为".obj"。在编译时,还要对源程序进行语法检查,如发现错误,则显示出错信息,此时应重新进入编辑状态,对源程序进行修改后再重新编译,直到通过编译为止。

(5) 连接程序:将各个模块的二进制目标代码与系统标准模块经过连接处理后,得到可执行的文件,其扩展名为".exe"。

(6)执行可执行文件:一个经过编译和连接的可执行的目标文件,只有在操作系统的支持和管理下才能执行它,如图 1-1 所示描述了从一个 C 语言程序到生成可执行文件的全过程。

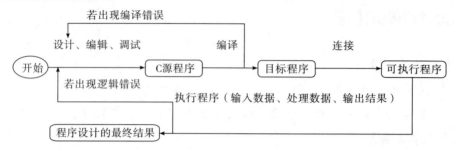

图 1-1　C 程序实现过程示意图

C 程序中会有预处理命令。所谓预处理,就是在正式开始编译前先做的一些准备工作。Visual C++6.0 的预处理命令有多种,其中最常用的是以♯include 开头的命令,一般称为"include"命令。

Include 命令的常用格式是:

♯include　<文件名>

Include 命令规定的预处理是:读取指定的头文件的全部内容,把这些内容当作源程序的组成部分,位置就在源程序中 include 命令所在的位置。Visual C++6.0 提供了许多头文件,保存在专门的子目录 include 中,每个头文件都服务于某一项或某一组功能,当程序中要用到这样的功能时,就要在程序的声明区写上一行 include 命令,指定对应的头文件。一个程序需要用到多少头文件,就有多少行 include 命令。

2. Visual C++6.0 的集成开发环境

程序设计需要经过一系列的步骤,这些步骤中,有一些需要使用工具软件,例如,程序的输入和修改需要文字编辑软件,编译需要编译软件,等等。集成开发环境(Integrated Developing Environment,简称 IDE)就是一个综合性的工具软件,它把程序设计全过程所需的各项功能集合在一起,为程序设计人员提供完整的服务。Visual C++6.0 就是这样一种集成开发环境。

(1)主窗口。Visual C++6.0 集成开发环境的主窗口如图 1-2 所示。

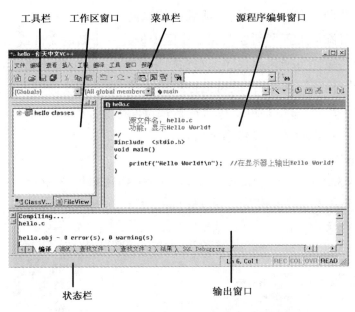

图 1-2 Visual C++6.0集成开发环境的主窗口

①工作区窗口：Visual C++6.0以工程工作区的形式组织文件、工程和工程设置。工作区窗口中显示当前正在处理的工程基本信息，通过窗口下方的选项卡可以使窗口显示不同类型的信息。

②源程序编辑窗口：是输入、修改和显示源程序的场所。

③输出窗口：是在编译、连接时显示信息的场所。

④状态栏：是显示当前操作或所选择命令的提示信息。

(2)最常用的菜单命令有：

①"文件""新建"：创建一个新的文件、工程或工作区，其中"文件"选项卡用于创建文件，包括".C"为文件名后缀的文件；"工程"选项卡用于创建新工程。

②"文件""打开"：在源程序编辑窗口中打开一个已经存在的源文件或其他需要编辑的文件。

③"文件""关闭"：关闭在源程序编辑窗口中显示的文件。

④"文件""打开工作区"：打开一个已有的工作区文件，实际上就是打开对应工程的一系列文件，准备继续对此工程进行工作。

⑤"文件""保存工作区"：把当前打开的工作区的各种信息保存到工作区文件中。

⑥"文件""关闭工作区"：关闭当前打开的工作区。

⑦"文件""保存"：保存源程序编辑窗口中打开的文件。

⑧"文件""另存为"：把活动窗口的内容另存为一个新的文件。

⑨"查看""工作区"：打开、激活工作区窗口。

⑩"查看""输出"：打开、激活输出窗口。

⑪"查看""调试窗口":打开、激活调试信息窗口。
⑫"工程""添加工程""新建":在工作区中创建一个新的文件或工程。
⑬"编译""编译":编译源程序编辑窗口中的程序,也可用快捷键 Ctrl+F7。
⑭"编译""构件":连接、生成可执行程序文件,也可用快捷键 F7。
⑮"编译""执行":执行程序,也可用快捷键 Ctrl+F5。
⑯"编译""开始调试":启动调试器。

具体演示如下:

①打开 Microsoft Visual C++6.0 的工作界面如图 1-3 所示,点击关闭。

图 1-3　Microsoft Visual C++6.0 工作界面

②使用 Microsoft Visual C++6.0 不仅可以创建控制台应用程序,也可以创建 Windows 应用程序,在此选择创建一个控制台应用程序。选择"文件"→"新建",如图 1-4 所示。

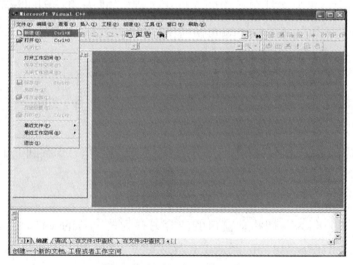

图 1-4　创建控制台应用程序

③单击"新建"按钮,显示对话框如图 1-5 所示,在工程名称处写 vc。

图 1-5 "新建"对话框

④单击"确定"按钮,显示对话框图 1-6 所示。

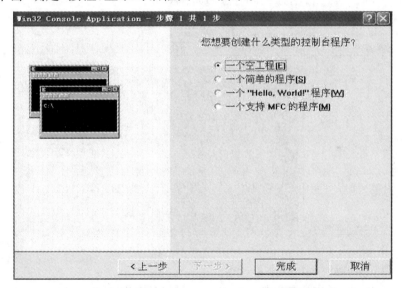

图 1-6 "Win32 Console Application"对话框

⑤选中"一个空工程(E)"选项后,单击"完成"按钮,弹出的"新建工程信息"对话框,如图 1-7 所示。

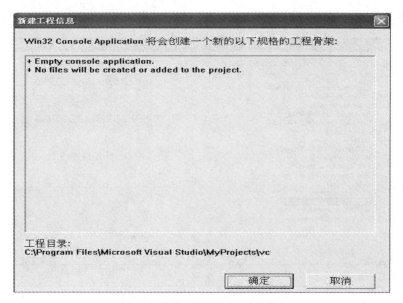

图 1-7 "新建工程信息"对话框

⑥单击"确定"按钮,出现如图 1-8 所示的窗口。

图 1-8 Visual C++6.0 环境项目界面

⑦选择命令"工程"→"添加工程"→"新建",出现如图 1-9 所示的对话框。

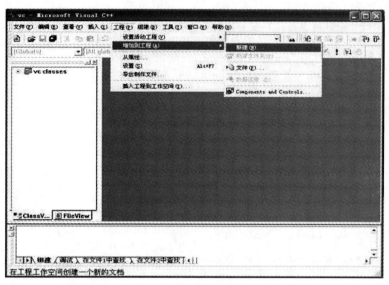

图 1-9　添加工程流程

⑧在"文件"选项卡下,选择"C++ Source Flie"选项,在"文件"文本框中输入"vc.c",如图 1-10 所示:

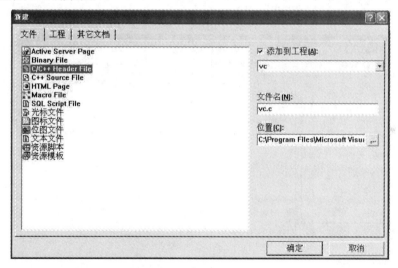

图 1-10　设置文件保存路径

⑨单击"确定"按钮,出现如图 1-11 所示的窗口,右边有字符光标闪烁,提示输入程序。

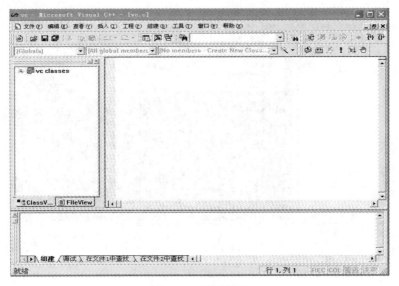

图 1-11　编辑界面

⑩输入程序的全部内容,如图 1-12 所示,在输入的时候不要输入中文标点符号。然后选择菜单命令"文件"→"保存",把输入的内容保存到文件:C:\Program Files\Microsoft Visual Studio\MyProjects\vc。

图 1-12　编辑源程序

⑪选择命令"编译"→"编译 vc.c",结果如图 1-13 所示。窗口下部的显示框内最后一行说明在程序中发现多少错误。如果不是"0 error(s),0 warning(s)",则要检查输入的程序,纠正错误,再重复此步骤,直到没有错误为止。修改完成后,请注意按照步骤⑧保存修改后的程序。

图 1-13　编译源程序

⑫选择命令"编译"→"vc.exe",结果如图 1-14 所示。

图 1-14　组建源程序

⑬选择命令"执行 VC.exe",结果如图 1-15 所示。

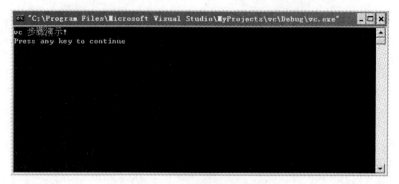

图 1-15　程序运行结果

⑭文件保存的路径为 C：\ Program Files \ Microsoft Visual Studio \ MyProjects\vc。如图 1-16 所示。

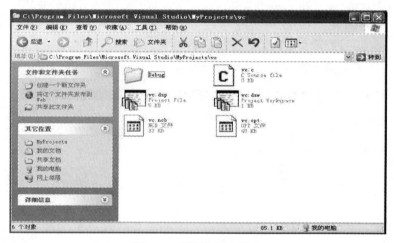

图 1-16　项目存放文件夹

【思考与练习】

在 Visual C++6.0 系统上编辑、编译、连接和运行如下 C 程序。

```
#include <stdio.h>
void main( )
{ char   c1,c2;
  c1=97;c2=98;
  printf("%c  %c\n",c1,c2);
  printf("%d  %d\n",c1,c2);
}
```

实验 2 / Experiment 2 表达式与输入输出函数

【实验目的】

(1) 掌握变量的名称、类型及创建方法;

(2) 掌握三种基本类型数据的赋值方法;

(3) 掌握三种基本数据类型变量的存储范围。

【实验准备】

(1) 了解变量的定义、使用方法;

(2) 明确在什么条件下选择什么类型的变量;

(3) 明确变量初始化的几种形式。

【实验步骤】

(1) 编辑源程序;

(2) 对源程序进行编译并调试程序;

(3) 连接并运行程序;

(4) 检查输出结果是否正确。

【实验内容】

(1) 先定义三个整形变量,分别给三个变量赋初值。编写程序输出三个数的和与平均数。

分析:变量必须先定义后使用。本题需要定义五个变量分别存放三个整形数据、和值与平均数,其中存放平均数的变量应该定义为实型。

程序设计如下:

```
#include<stdio.h>
void main()
{
    int num1,num2,num3,sum;
    float ave;
    num1=80;
    num2=78;
    num3=92;
    sum=num1+num2+num3;
    ave=sum/3;
```

printf("%d,%d,%d 的和是%d,平均数是%f\n",num1,num2,num3,sum,ave);

}

运行结果：

输出结果为：80,78,92 的和是 250,平均数是 83.000000

(2)根据上题内容，任意输入三个数存放在三个变量中。编写程序输出三个数的和与平均数。小数点后保留两位。

分析：使用函数 scanf()实现任意三个数的输入。这里的变量必须定义为实型。程序设计如下：

```
#include<stdio.h>
void main()
{
    float num1,num2,num3,sum,ave;
    printf("请输入三个数:");
    scanf("%f%f%f",&num1,&num2,&num3);
    sum=num1+num2+num3;
    ave=sum/3;
    printf("%.2f,%.2f,%.2f 的和是%.2f,平均数是%.2f\n",num1,num2,num3,sum,ave);
}
```

运行结果：

请输入三个数：78.554 93.446 82.1

78.55,93.45,82.10 的和是 254.10,平均数是 84.70

(3)任意输入一个字符，输出它前一个字符和后一个字符以及这三个字符的 ASCII 码值。

分析：字符型变量的输入可以使用函数 scanf()或者函数 getchar(),输出时的格式控制符号可以是%c,也可以是%d。

```
#include <stdio.h>
void main()
{
    char ch;
    printf("请输入一个字符:");
    scanf("%c",&ch);
    printf("您输入的字符是%c,其 ASCII 码制是%d\n",ch,ch);
    printf("该字符的前一个字符是%c,其 ASCII 码制是%d\n",ch-1,ch-1);
```

```
        printf("该字符的后一个字符是%c,其ASCII码制是%d\n",ch+1,ch+1);
}
```

运行结果：

　　请输入一个字符:t
　　您输入的字符是t,其ASCII码制是116
　　该字符的前一个字符是s,其ASCII码制是115
　　该字符的后一个字符是u,其ASCII码制是117

(4) 任意输入三个数存放在整型变量a,b,c中,输出表达式 $\frac{a}{bc}$,$\frac{ab}{c}$,$\frac{a}{2b}c$,a^2+bc 的值,要求如果是小数则输出小数点后两位小数。

分析： 算术表达式的使用要区别数学上的运算符号。如 *、/和%。同时注意他们的运算优先级和结合性。

```
#include  <stdio.h>
void main()
{
    int a,b,c;
    printf("请输入三个数:");
    scanf("%d%d%d",&a,&b,&c);
    printf("%.2f,%.2f,%.2f,%d ",1.0*a/(b*c),1.0*a*b/c,1.0*a*c/(2*b),a*a+b*c);
}
```

运行结果：

请输入三个数:1 2 3
0.17,0.67,0.75,7

(5) 编写程序实现功能:输入一个华氏温度(F),要求输出摄氏温度。公式为 C=5/9(F−32),结果取两位小数。

分析： 本题主要考察算术运算符的使用,按照题目的意思可以定义两个实型变量,这里要注意数字5应该写成实型形式5.0。

```
#include  <stdio.h>
void main()
{
    int f;
    float c;
    printf("请输入一个华氏温度:");
    scanf("%d",&f);
```

```
        c=5.0*(f-32)/9;
        printf("摄氏温度为:%5.2f",c);
}
```

运行结果：

请输入一个华氏温度:41

摄氏温度为:5.00

(6)定义三个变量a,b,c,分别赋值为7.5,2和3.6,输出表达式a>b&&c>a||c>b的值。

```
#include <stdio.h>
void main()
{
    float a,b,c;
    a=7.5;
    b=2;
    c=3.6;
    printf("%d", a>b&&c>a||c>b);
}
```

运行结果:1

【思考与练习】

(1)分别说出下列每条语句的赋值：

int s,m=3,n=5,r,t;

float x=3.0,y;

t=n/m;

r=n%m;

y=n/m;

t=x*y-m/2;

x=x*2.0;

s=(m+n)/r;

y=--n;

(2)输入并运行以下程序：

```
void main()
{int i=8,j=10,m,n;
    m=++i;n=j++;
    printf("%d,%d,%d,%d\n",i,j,m,n);
}
```

分别作以下改动并运行：
①程序改为：
main( )
{ int i=8,j=10;
　printf("%d,%d\n",i++,j++);
}
②在①的基础上，将 printf 语句改为：printf("%d,%d\n",++i,++j);
③再将 printf 语句改为：printf("%d,%d,%d,%d\n",i,j,i++,j++);
④程序改为：
main( )
{ int i=8,j=10,m=0,n=0;
　m+=i++;n-=--j;
　printf("i=%d,j=%d,m=%d,n=%d\n",i,j,m,n);
}

(3)编写一个 C 程序，输入两个数字，并计算他们的平方和、平方差以及完全平方和与差的值。

(4)编写程序输入两个整型变量 a、b 的值，输出下列算式以及运算结果。
a+b、a-b、a*b、a/b、(float)a/b、a%b

(5)编写程序实现功能：输入圆柱体的半径和高，求圆柱体的体积。

(6)编写一个程序，将输入值作为浮点数（实数）。这个数字的单位是厘米。打印出对应的以英尺（浮点类型，1 个小数位）和英寸（浮点类型，1 个小数位）为单位的数，英尺数和英寸数均保留一个小数位的精度。

假设一英寸等于 25.4 厘米，一英尺等于 12 英寸。

如果输入的值为 333.3，输出的格式将是：

333.3 厘米等于 10.9 英寸

333.33 厘米等于 131.2 英寸

实验 3 分 支 结 构
Experiment 3

【实验目的】
(1) 了解 C 语言表示逻辑量的方法；
(2) 学会正确使用逻辑运算符和逻辑表达式；
(3) 熟练掌握 if 语句和 switch 语句。

【实验准备】
(1) 了解逻辑运算符和关系运算符的使用；
(2) 明确在什么条件下可以使用分支结构；
(3) 熟悉 switch 的定义及使用方法。

【实验步骤】
(1) 编辑源程序；
(2) 对源程序进行编译并调试程序；
(3) 连接并运行程序；
(4) 检查输出结果是否正确。

【实验内容】
(1) 下面程序根据以下函数关系，对输入的每个 x 值，计算出 y 值。请在 (   ) 内填空。

x	y
2<x<=10	x(x+2)
−1<x<=2	1/x
x<=−1	x−1

分析： 本题主要是训练学生使用 if else 多分支结构来解决分支函数问题。使用逻辑运算符和关系运算符准确表达 x 的范围。

```
#include<stdio.h>
void main()
{
    int x,y;
    scanf("%d",&x);
    if(_____)y=x*(x+2);
    else if(_____)y=1/x;
```

```
        else if(x<=-1)y=x-1;
        else _____ ;
    if (y! =-1)printf("%d",y);
        else printf("error");
}
```

(2)所谓水仙花数是指一个三位数,其各位数字的立方和等于该数本身。编程实现,从键盘上输入一个三位的正整数 m,输出 m 是否为水仙花数。

分析: 本题主要是训练学生在原有数字按数位分离、并会求其立方和的基础上,通过使用 if else 语句来对一个数进行是否为水仙花数的判定。

```
#include<stdio.h>
void main()
{
    int m,a,b,c;
    printf("请输入一个三位的正整数:");
    scanf("%d",&m);
    a=_____ ;
    b=_____ ;
    c=_____ ;
    if(_____ )
        printf("%d 是水仙花数\n",m);
    else
        printf("%d 不是水仙花数\n",m);
}
```

运行结果:

请输入一个三位的正整数:153

153 是水仙花数

(3)用 if 语句和 switch 语句分别编写程序,实现从键盘输入数字 1、2、3、4,分别显示 excellent、good、pass、fail。输入其他字符时显示 error。

分析: 在解决多分支的情况下可以使用两种形式:if 语句和 switch 语句。其中注意关系表达式==的使用以及 case 后面常量与 switch 后面的表达式的匹配关系。

方法一:使用 if

```
#include<stdio.h>
void main()
{
```

```
        int x;
        printf("请输入一个 1－4 的整数:");
        scanf("%d",&x);
        if(x==1)printf("excellent");
        else if(x==2) printf("good");
        else if(x==3) printf("pass");
        else if(x==4) printf("fail");
        else printf("error");
    }
    方法二:使用 switch
    #include<stdio.h>
    void main()
    {
      int x;
      printf("请输入一个 1－4 的整数:");
      scanf("%d",&x);
      switch(x)
      {
        case 1:printf("excellent");break;
        case 2:printf("good");break;
        case 3:printf("pass");break;
        case 4:printf("fail");break;
        default:printf("error");
      }
    }
```

运行结果:

请输入一个 1－4 的整数:2

good

(4)铁路客运规定:随同成人乘车的小孩,当身高低于 110 厘米时,免票;不低于 110 厘米也不高于 150 厘米时,购半票;高于 150 厘米时,购全票。编程实现,输入小孩的身高(单位为厘米),输出关于该小孩的购票类别(免票,半票,全票)。

分析:本题是要训练学生用 if else if 结构来处理现实生活中的分类讨论事例。这个事例具体分成三个互斥的分类:(1)低于 110 厘米;(2)不低于 110 厘米也不高于 150 厘米;(3)高于 150 厘米。而分成三类的分别处理正好用 if else if 语句来实现。

```
#include<stdio.h>
void main()
{
    int t;
    printf("请输入小孩的身高(以厘米为单位):");
    scanf("%d",&t);
    if(t<110)
        printf("免票\n");
    else if(t<=150)
        printf("半票\n");
    else
        printf("全票");
}
```

运行结果:

请输入小孩的身高(以厘米为单位):105
免票

(5) 键盘上输入整系数一元二次方程的系数,编程输出该方程的实数根,若判别式小于 0,则输出无实根。

分析: 本题主要是训练学生,学会用 if else 语句来处理现实中要根据一个条件的成立与否,来相应安排两种对立的不同操作。

```
#include<stdio.h>
#include<math.h>
void main()
{
    float a,b,c,x1,x2,d,q,u,v;
    printf("请输入二次项,一次项,常数项各系数:");
    scanf("%f%f%f",&a,&b,&c);
    d=b*b-4*a*c;
    if(d<0)
        printf("无实根!");
    else
    {
        q=sqrt(d);
        u=-b/(2*a);
        v=q/(2*a);
```

```
        x1=u+v;
        x2=u-v;
        printf("x1=%.2f,x2=%.2f\n",x1,x2);
    }
}
```

运行结果:

请输入二次项,一次项,常数项各系数:1 -2 1

x1=1.00,x2=1.00

(6)试编写一段程序:输入3个数,将其按由大到小顺序输出。

分析: 对3个数字进行排序可以使用三个独立的if语句执行,实现两两比较,将大数进行交换使得大数放在前面的变量中。

```
#include"stdio.h"
void main()
{
float n1,n2,n3,t;
printf("请输入3个数:");
scanf("%f %f %f",&n1,&n2,&n3);
if(n1<n2)
    {
        t=n1;n1=n2;n2=t;
    }
if(n1<n3)
    {
        t=n1;n1=n3;n3=t;
    }
if(n2<n3)
    {
        t=n2;n2=n3;n3=t;
    }
printf("3个数由大到小排序为:%f %f %f",n1,n2,n3);
}
```

运行结果:

请输入3个数:3 7 2

3个数由大到小排序为:7 3 2

(7)编程实现,从键盘上输入一公元年号,输出该公元年号是否是闰年。

分析：训练学生用模运算、关系运算与逻辑运算结合 if else 语句来判定某年是否是闰年。

```
#include<stdio.h>
void main()
{
    int year;
    printf("请输入公元年号:");
    scanf("%d",&year);
    if(year%400==0||year%100!=0&&year%4==0)
        printf("%d 是闰年\n",year);
    else
        printf("%d 不是闰年\n",year);
}
```

运行结果：

请输入公元年号:2010

2010 不是闰年

(8) 编程实现，从键盘上输入 3 个大于零的数，首先检查能否作为三角形的三条边（即检查任意两边之和大于第三边）；能则输出用海伦公式计算而得的面积；否则输出"不能构成三角形"的信息。

分析：本题意在启迪学生使用算术运算、关系运算、逻辑运算的知识,来把抽象的"任意两边之和大于第三边"的数学语言,转化成正确的 C 语言表达式,并用 if else 语句来分类处理其有解与否。

```
#include<stdio.h>
#include<math.h>
void main()
{
    int a,b,c;
    float p,s;
    printf("请输入三角形的三边长:");
    scanf("%d%d%d",&a,&b,&c);
    if(a+b>c&&a+c>b&&c+b>a)
    {
        p=(a+b+c)/2.0;
        s=sqrt(p*(p-a)*(p-b)*(p-c));
        printf("三角形的面积为%.2f\n",s);
```

                }
            else
                printf("三边不能构成三角形!\n");
        }

运行结果:

请输入三角形的三边长:3 4 5
三角形的面积为 6.00

【思考与练习】

(1) #include<stdio.h>
    void main()
    {
        int x=1,y=2,z=3;
        if(x>y)
            printf("%d",y<x? 1:2);
        else
            printf("%d",z<x? 2:3);
    }

程序的运行结果是_____

(2) 试编写一段程序:输入 3 个数,找出其中最大数。

(3) 任意输入一个数,如果是 7 和 11 的倍数,就输出该数,否则输出"错误"。

(4) 现在是网络信息时代,很多市民通过电话上网。目前南京电信局的上网收费和付费方式分以下几类(以月为单位):

a:包月服务:小于 30 小时,60 元/月;超过 30 小时的部分按 5 分/分钟累计(包括电话费),每月随电话费收费。

b:990 用户:10 分/分钟(包括电话费),每月随电话费收费。

c:169 用户:上网信息费 7 分/分钟,电话费 21 分/3 分钟(不足 3 分钟按 3 分钟计),每月到电信局以现金方式缴费或用卡付费。由键盘输入用户类别和上网时间,输出应付费用及相应的付费方式。

循环结构程序

【实验目的】

(1)熟悉 while 语句,do—while 语句和 for 语句,掌握用这些语句实现循环的方法;

(2)掌握穷举算法和迭代算法的程序设计;

(3)掌握 break 和 continue 语句功能。

【实验准备】

(1)掌握关系表达式和逻辑表达式的使用;

(2)了解几种实现循环结构程序设计的方法,其各有什么特点,以及适用条件;

(3)掌握如何正确地控制计数型循环结构的次数;

(4)掌握如何设置循环结构中的循环条件,了解它在程序设计中的意义。

【实验步骤】

(1)编辑源程序;

(2)对源程序进行编译并调试程序;

(3)连接并运行程序;

(4)检查输出结果是否正确。

【实验内容】

(1)输入并调试运行以下程序。

分析:①while 是先判断条件再执行语句,是"当"型循环,即条件成立循环执行,条件不成立循环立即终止。②for 循环是一种功能强大、形式多样的循环结构形式,在其循环体内可以根据需要添加各种语句以完成不同的功能。

① ```
#include <stdio.h>
void main()
{ int num=0;
  while (num++<=2)
  printf("%d\n",num);
}
```

② ```
#include <stdio.h>
void main()
```

```
{ int i;
for(i=1;i<=5;++i)
{if(i%2)
printf(" * ");
else
continue;
printf(" # ");
}
printf(" $ ");
}
```

(2)程序填空(完善程序)。

① 为输出如下图形,请在程序中的下划线处填入合适的内容。

分析:打印如上的图形,用循环的嵌套很容易实现,但要做好相关控制工作,否则就很难打印出如上所示的效果,所以下面需要填空之处实际上就是完成控制工作的关键之处。

```
#include <stdio.h>
void main()
{ int i,j;
for(i=0;i<4;++i)
{
for(j=0;j<__①__;j++)
printf("  ");
for(j=0;j<__②__;j++)
printf(" * ");
printf("\n");
}
for(i=0;i<3;++i)
{
for(j=0;j<=i;j++)
printf("  ");
```

```
  for(j=0;j<4-i;j++)
    printf(" * ");
  printf("\n");
  }
}
```

②下面程序的功能是求 500 以内的所有完全数,请填空[说明:一个数如果恰好等于它的因子(自身除外)之和,则称该数为完全数,如 6=1+2+3,则 6 是完全数]。

分析: 这个程序的关键之处就要找到每个数的每个因子,并且求出因子之和,然后才能判定是否是完全数,而这样的问题用循环的嵌套比较合适,其中外层循环用于选 500 以内的每个数,内层循环用于取每个数的因子并求出因子的和。

```
#include<stdio.h>
void main()
{ int i, sum,a=2;
  do
  { i=1;sum=0;
    do
    {if(a%i==0)  ③  i++;
    }while(i<=a/2);
    if(sum==a)printf("%d",  ④  )
    a++;
  }
  while(a<500);
}
```

(3)上机调试下列的程序段,并非死循环的是_____。

A. #include <stdio.h>
   void main( )
   {int i=100;
   while(1)
   { i = i %100+1;
     if (i>=100) break;
   }
   }

B. #include<stdio.h>
   void main( )

```
    {
    int k=0;
    do
    {++k;
    } while(k>=100);
```
C. for(;;);

D. int s=3379;
```
    while(s++%2+s%2){
    s++;
    }
```

(4) 换零钱。把一元钱全兑换成硬币,有多少种兑换方法?

程序设计:

```c
#include <stdio.h>
void main()
{ int i,j,k,n;
n=100,k=0;
for(i=0;i<=n/5;i++)
   for(j=0;j<=(n-i*5)/2;j++)
      { printf("5 cent=%d\t  2 cent=%d\t  1 cent=%d\n",i,j,n-i*5-j*2);
        k++;
      }
printf("total times=%d\n",k);
}
```

(5) 穿越沙漠。用一辆吉普车穿越 1000 公里的沙漠。吉普车的总装油量为 500 加仑,耗油量为 1 加仑/公里。由于沙漠中没有油库,必须先用车在沙漠中建立临时加油站,该吉普车要以最少的油耗穿越沙漠,应在什么地方建立临时油库,以及在什么地方安放多少油最好?

参考程序如下:

```c
#include <stdio.h>
void main()
{ int k=1;
   float station,distation,total;
   station=distation=total=500.0;
   while(distation<1000.0)
   {printf("station(%d)=%9.4f oil's total(%d)=%10.4f\n",
```

```
            k,station,k,total);
        total=500.0*++k;
        station=500.0/(2*k-1);
        distation+=station;
        distation-=station;
        station=1000.0-distation;
    }
    printf("station(%d)=%9.4f oil's total(%d)=%10.4f\n",
                k,station,k,(k-1)*500.0+(2*k-1)*station);
}
```

【思考与练习】

(1)编程,用穷举算法解百马百担问题(有 100 匹马驮 100 担货,大马驮 3 担,中马驮 2 担,两匹小马驮 1 担,问有大、中、小马各多少?)。要求:

① 输出计算结果:在数据输出之前应有提示信息。

②源程序以 ex43.c 存盘。

(2)编程,用牛顿迭代法计算由键盘输入的自变量 x 的平方根。要求如下:

①迭代公式为:$y=(y+x/y)*0.5$;计算精度要求为 $\varepsilon=1E-6$。

②输出迭代次数和计算结果;在数据输入和输出之前应有提示信息。

③以 2,3,5,7,9,12 为自变量值,记录计算结果。

④源程序以 ex44.c 存盘。

(3)编程,用公式 $\pi/4 \approx 1-1/3+1/5-1/7+\cdots$ 求 π 的近似值,具体要求如下:

①计算精度要求从键盘输入。

②数据输入和输出之前应有提示信息。

③以 $\varepsilon=1E-2$、$1E-3$、$1E-4$、$1E-5$、$1E-6$、$1E-7$ 进行计算,记录计算结果。

④源程序以 ex45.c 存盘。

(4)编程,打印九九乘法表。要求如下:

①用 for 循环完成该程序。

②打印形状为直角三角形。

③编写的程序以 ex46.c 存盘。

(5)编程,输入两个正整数,求它们的最大公约数和最小公倍数(要求分别用 while 和 do-while 语句)。

(6)编程,输入一行字符,分别统计出其中的英文字母、空格、数字和其他字符的个数。

(7) 编程,求 $s=\sum_{n=1}^{20} n!$。

(8) 编程,找出 1~100 之间的全部"同构数"。所谓"同构数"是指这样的数,它出现在它的平方数的右端。如:6 的平方是 36,6 出现在 36 的右端,6 就是一个同构数。

(9) 编程,输出由 1,2,3,4 四个数字组成的 4 位数,并统计其个数(允许该 4 位数中有相同的数字,例如:1111,1122,1212 等)。

(10) 编程,打印输出以下图案:

```
      *
     * * *
    * * * * *
   * * * * * *
    * * * * *
     * * *
      *
```

实验 5 数　　组
Experiment 5

【实验目的】

(1)熟练掌握数组的定义、引用、赋值和输入与输出方法；

(2)熟练掌握字符数组，以及字符函数的使用；

(3)熟练掌握利用循环结构处理数组；

(4)学习与数组相关的常见算法，如查找、排序等。

【实验准备】

(1)了解一维数组、二维数组、字符数组；

(2)明确在什么条件下使用数组变量；

(3)熟悉数组与循环的连用。

【实验步骤】

(1)编辑源程序；

(2)对源程序进行编译并调试程序；

(3)连接并运行程序；

(4)检查输出结果是否正确。

【实验内容】

(1)阅读下列程序，判断横线处的语句是否有错误，若有错误该如何修改。

函数的功能是：输入一个三行三列的矩阵，然后求出其对角线上元素之和并输出。调试改正程序中的错误，使其能够得到正确结果。

```
#include <stdio.h>
void main()
{
    int a[3][3],sum;
    int i,j;
    sum=0;
    for(i=0;i<3;i++)
    {
        for(j=0;j<3;j++)
            scanf("%d",a[i][j]);  /*此处应该为地址*/
    }
```

```
            for(j=0;j<3;j++)
                sum=sum+a[i][j]+a[i][3-i];  /* 此处应该让循环变量作为数
                                               组下标,注意下标的取值范围 */
        }
```

(2)下列程序可以实现将 10 个数按由小到大(升序)排序。请把程序补充完整。

分析:采用选择排序法的思想:1)从 n 个数中选择最小的一个,把它和第一个数组元素交换;2)从剩下的 n-1 个数中选择最小的一个,把它和第二个数组元素交换;3)依此类推,直到从最后两个元素中选出倒数第二小的元素并把它和倒数第二个元素交换为止。

```
#include <stdio.h>
void main (void)
{
    int i,j,k;
    float math[10],temp;
    printf ("please enter:");
    for (i=0;i<10;i++)
        scanf ("%f",&math[i]);
    for (i=0;i<9;i++)
    {
        k=_____;        /* 假设下标为 i 的数最小 */
        for (j=_____;j<10;j++)/* 从假设的数后面查找 */
        {
            if (math[k]>_____)  /* 若找到了比假设的数小的数 */
                k=j;
        }
        if (k_____i)    /* 假设的最小位置不成立 */
        {
            temp = math[i];
            math[i] =_____;  /* 把找到的最小数和位于此趟位置上的数交换 */
            math[k] = temp;
        }
    }
    for (i=0;i<10;i++)
        printf ("%5.1f",math[i]);
}
```

(3)编写程序,由键盘输入 100 个学生成绩,分别统计各分数段的百分比。

分析: 先统计每个 10 分数段的人数,再除以 100 算出百分比。

```c
#include<stdio.h>
void main(void)
{
    int i,score[100];
    int Anum=0,Bnum=0,Cnum=0,Dnum=0,Enum=0;
    printf("please enter 100 data:");
    for(i=0;i<100;i++)
    {
        scanf("%d",&score[i]);
    }
    for (i=0;i<100;i++)
    {
        if(score[i]>=90)
            Anum++;
        else if (score[i]>=80)
            Bnum++;
        else if(score[i]>=70)
            Cnum++;
        else if(score[i]>=60)
            Dnum++;
        else
            Enum++;
    }
    printf("优的百分比:%f",Anum/(float)100);
    printf("良的百分比:%f",Bnum/(float)100);
    printf("中的百分比:%f",Cnum/(float)100);
    printf("及格的百分比:%f",Dnum/(float)100);
    printf("不及格的百分比:%f",Enum/(float)100);
}
```

(4)编写程序,由键盘任意输入一串字符,判断其是否为回文。回文是首尾对称相等的字符串,如:abcdcba 是回文。

分析: 利用 strlen 求字符串长度的函数求出字符数组的长度 iStrLen,判断是否回文依次让下标为 0 和 iStrLen 的字符比较,如果相等再比较下一对下标为 1

和 iStrLen－1 的字符……依次比较直到下标为 iStrLen/2 和 iStrLen/2＋1 的元素是否相等。

```c
#include<stdio.h>
#include<string.h>
void main(void)
{
    char szStr[80];
    int i,iStrLen;
    gets(szStr);
    iStrLen = strlen(szStr);
    for (i=0;i<iStrLen /2;i++)
    {
        if (szStr[i] ! =szStr[iStrLen -1-i])
        {
            break;
        }
    }
    if (i>=iStrLen /2)
    {
        printf("字符串%S 是回文\n",szStr);
    }
    else
    {
        printf("字符串%S 不是回文\n",szStr);
    }
}
```

(5) 编写程序,验证下列矩阵是否为魔方阵。魔方阵是每一行、每一列、每一对角线上的元素之和都是相等的矩阵。

17	24	1	8	15
23	5	7	14	16
4	6	13	20	22
10	12	19	21	3
11	18	25	2	9

分析:应把 n 分为三类,这三类 n 构成的魔方阵的算法各不相同。

1) 当 n 为奇数时,即 n＝2＊m＋1 时,算法为:首先,把 1 填在第一行的正中间。其次,若数 k 填在第 i 行第 j 列的格子中,那么 k+1 应填在它的右上方,即 i-1,j+1;如果右上方没有格子,若 i=0,那么 k+1 填在第 n 行第 j+1 列的格子中;若 j=n,那么 k+1 填在第 i-1 行第 1 列的格子中;若 i=1,j=n 或按上述方法找到的格子都已经填过了数,那么,数 k+1 填在第 k 个数的正下方。

2)当 n 为单偶数(阶数是偶数,但是,又不能被 4 整除时),即 n=2*(2*m+1)时,算法为:采用田字镜射法. 将 n 阶单偶幻方表示为 4m+2 阶幻方。将其等分为四分,成为 A、B、C、D 四个 2m+1 阶奇数幻方。

3)当 n 为双偶数时,即 n=2*2*m 时,算法为:采用双向翻转法

第一步:将数字按左右上下的顺序填入方阵中 1 到 n*n;

第二步:将中央部分半数的行,所有数字左右翻转;

第三步:将中央部分半数的列,所有数字上下翻转。

```
#include<stdio.h>
void main(void)
{
    int a[5][5] ={{17,24,1,8,15},
                  {23,5,7,14,16},
                  {4,6,13,20,22},
                  {10,12,19,21,3},
                  {11,18,25,2,9}
                  };
    int i,j,iSum,iTmp,iFlag;
    iSum=0;
    iTmp=0;
    iFlag=0;
    for(i=0;i<5;i++)
    {
      iSum+=a[i][i];
      iTmp+=[i][4-i];
    }
    if (iSum==iTmp)
    {
        iFlag=1;
    }
    for (i=0;i<5;i++)
    {
```

```c
                    if(iFlag==0)
                    {
                        break;
                    }
                    iTmp=0;
                    for(j=0;j<5;j++)
                    {
                        iTmp+=a[i][j];
                    }
                    if (iSum! =iTmp)
                    {
                        iFlag=0;
                    }
                }
            for (j=0;j<5;j++)
            {
                    if (iFlag==0)
                    {
                        break;
                    }
                    iTmp=0;
                    for (i=0;i<5;i++)
                    {
                        iTmp+=a[i][j];
                    }
                    if (iSum! =iTmp)
                    {
                        iFlag=0;
                    }
            }
        for (i=0;i<5;i++)
            {
                for (j=0;j<5;j++)
                    printf ("%4d",a[i][j]);
                printf("\n");
```

```
        }
    if(iFlag==1)
        printf("是魔方阵,行列及对角线之和是%d\n",iSum);
    else
        printf("不是魔方阵! \n");
}
```

(6)编写程序,由键盘任意输入一串字符,再输入一个字符,统计这个字符在这串字符中的出现次数。

分析:字符串的结束标识符为'\0'。

```c
#include <stdio.h>
#include <string.h>
void main (void)
{
    char szStr[80],ch;
    int i,iNnmOfCh;
    printf ("输入一串字符:");
    gets(szStr);
    printf ("输入统计的字符:");
    ch=getchar();
    iNumOfCh =0;
    for (i=0;szStr[i]! ='\0';i++)
    {
        if (szStr[i] == ch)
        {
            iNnmOfCh ++;
        }
    }
    printf ("在字符串中有%d 个%c\n",iNnmOfCh,ch);
}
```

【思考与练习】

(1)编写程序,利用随机函数产生100个整数,分别统计其中的奇数和偶数的个数。

(2)编写程序,由键盘任意输入一串字符,再输入一个字符和一个位置,将此字符插入在此串字符的这个位置上。如:原串为 abcdef,插入字符为 k,位置为3,新串为 abkcdef。

(3) 若有宏定义

♯define   max(a,b)   ((a)>(b)) ? (a) > (b)

下面的表达式将扩展成什么？

max(a, max(b, max(c, d)))

(4) 定义一个宏，将大写字母变成小写字母。

实验 6 函　　数
Experiment 6

【实验目的】

(1) 掌握函数的定义、声明和调用的方法；

(2) 掌握函数之间参数传递的各种方式；

(3) 熟悉递归函数的使用；

(4) 熟悉局部变量和全局变量、静态变量和动态变量的概念和使用方法；

(5) 理解宏、文件包含的概念，并学习使用编译预处理。

【实验准备】

(1) 函数的定义、声明和调用；

(2) 函数调用中数据的传递；

(3) 变量的生存期和有效期；

(4) 编译预处理及其使用。

【实验步骤】

(1) 编辑源程序；

(2) 对源程序进行编译并调试程序；

(3) 连接并运行程序；

(4) 检查输出结果是否正确。

【实验内容】

(1) 阅读下列程序，判断横线处的语句是否有错误，若有错误该如何修改。

分析： 函数的类型应和返回值的类型保持一致；注意函数类型标识符的正确书写；

```
#include <stdio.h>
void fun（int  n）
{   int  a，b，c，k；  double  s；
    s＝0.0；  a＝2；  b＝1；
    for(k＝1; k<=n; k++){
       s＝s＋(Double)a / b;
       c＝a;  a＝a+b;  b＝c;
    }
    return s;
```

```
    }
    void main( )
    {   int n = 5;
        printf( "\nThe value of function is：%lf\n", fun (n));
    }
```

(2)程序填空。程序功能是：从字符串 s 的尾部开始，按逆序把相邻两个字符交换位置，并依次把每个字符紧随其后重复出现一次，结果存放在字符串 t 中，请在横线上填上适当的内容以实现其功能。

```
#include <stdio.h>
#include <string.h>
void main()
{
    char s[100],t[100];
    int i,j,s1;
    printf("\nprease enter string s：");
    scanf("%s",_____);/* 此处是输入字符串,所以该处可填 s 或 &s[0] */
    s1=_____; /* 此处是将字符串 s 的长度赋给 s1,所以该处填 strlen(s) */
    for(i=s1-1,j=0;i>=0;i-=2)
    {
      if(i-1>=0)
         t[j++]=s[i-1];
      if(i-1>=0)
         t[j++]=s[i-1];
      t[j++]=s[i];
      t[j++]=s[i];
    }
    _____;/* 此处应为字符串 t 加一个结束标识符,可填:t[j]='\0'或 t[j]=0 */
    printf("the result is：%s\n",t);
}
```

(3)用函数求 $\cos x = 1 - \dfrac{X^2}{2!} + \dfrac{X^4}{4!} - \dfrac{X^6}{6!} + \cdots$ 的值，要求精度为 $1E-6$。在主函数中求 $(\cos 30° + \cos 60°)^2$

分析：此余弦表达式的项从第二项开始，后一项与前一项都满足分子都为 X^2，分母为 $i*(i-1)$ 的关系，步长为 2。

程序设计如下:
```c
#include <stdio.h>
#include <math.h>
float fCos(float,float);
void main(void)
{
    float fValue,fEps;
    printf("输入 Cos 的精度:");
    scanf("%f",&fEps);
    fValue = fCos((float)(30*3.1415926/180),fEps)+fCos((float)(60*3.1415926/180),fEps);
    fValue *=fValue;
    printf("cos(30)+cos(60)的平方= %f\n",fValue);
}
float fCos(float x,float eps)
{
    float fValue;
    float t;
    int i,iSign;
    fValue=0;
    t=1;
    i=2;
    iSign=1;
    while(t>eps || t<-eps)
    {
        fValue+=iSign*t;
        iSign=-iSign;
        t*=x*x/(i*(i-1));
        i+=2;
    }
    return fValue;
}
```

(4)设计一个函数,求任意 n 个整数的最大数,并在主函数中输入 10 个整数,调用此函数。

分析:假设数组中第一个数最大,再依次输入后 9 个数,分别跟保存最大数的变量比较大小。

程序设计如下：

```c
#include <stdio.h>
int GetMax(int *,int);
void main(void)
{
    int a[10],i,iMax;
    for (i=0;i<10;i++)
    {
        scanf("%d",a+i);
    }
    iMax=GetMax(a,10);
    printf("最大值=%d\n",iMax);
}
int GetMax(int p[],int n)
{
    int iMax,i;
    iMax=p[0];
    for(i=1;i<n;i++)
    {
        if(p[i]>iMax)
        {
            iMax=p[i];
        }
    }
    return iMax;
}
```

(5) 设计一个函数，对任意 n 个字符串排序，并在主函数中输入 10 个字符串，调用此函数。

分析：此算法思想与上题相似，注意字符串的比较和赋值和变量的比较与赋值使用不同。

程序设计如下：

```c
#include<stdio.h>
#include<string.h>
void SortStr(char psz[][20],int n);
```

```
void main(void)
{
    char szStr[10][20];
    int i;
    for(i=0;i<10;i++)
    {
      gets(szStr[i]);
    }
    SortStr(szStr,10);
    for(i=0;i<10;i++)
    {
      puts(szStr[i]);
    }
}
void SortStr(char psz[][20],int n)
{
    int i,j;
    char szTemp[20];
    for(i=0;i<n-1;i++)
    {
      for(j=i+1;j<n;j++)
      {
        if(strcmp(psz[i],psz[j])>0)
        {
          strcpy(szTemp,psz[i]);
          strcpy(psz[i],psz[j]);
          strcpy(psz[j],szTemp);
        }
      }
    }
}
```

(6)设计一个程序。假设输入的字符串中只包含字母和 * 号。请编写函数 fun(),它的功能是:删除字符串中的所有 * 号。在编写函数时,不得使用 C 语言中提供的字符串函数。

分析:要删除多余字符('*')可以用循环从字符串的开始一个一个地进行比

较，若不是要删除的字符则将其留下，即"if(a[i]!='*');"，这里下标标量要从 0 开始，最后要加上字符串结束符'\0'。

程序设计如下：

```
#include "stdio.h"
#include "string.h"
void fun(char a[])
{
    int i,j=0;
    for(i=0;a[i]!='\0';i++)
        if(a[i]!='*')
            a[j++]=a[i];
    a[j]='\0';

}
void main()
{
    char s[81];
    printf("please enter a string:\n");
    gets(s);
    fun(s);
    printf("the string after deleted:\n");
    puts(s);
}
```

【思考与练习】

(1) 编写函数求如下级数，在主函数中输入 n，并输出结果。

$$a = 1 + \frac{1}{1+2} + \frac{1}{1+2+3} + \cdots + \frac{1}{1+2+3+\cdots+n}$$

(2) 设计一个函数，求任意 n 个整数的最大数的位置，并在主函数中输入 10 个整数，调用此函数。

(3) 设计一个函数，分别统计任意一串字符中 26 个字母的个数，并在主函数中调用此函数。

(4) 设计一个函数，将任意一个十六进制数据字符串转换为十进制数据，并在主函数中调用此函数。

实验 7　指　针

【实验目的】

(1)掌握指针的定义及使用方法；

(2)理解指针可以指向的数据类型；

(3)掌握指针与数组,指针与函数之间的关系。

【实验准备】

(1)了解指针与地址之间的关系；

(2)明确在什么条件下可以使用指针变量；

(3)熟悉指针的定义及使用方法；

(4)明确数组和函数的地址表示方法。

【实验步骤】

(1)编辑源程序；

(2)对源程序进行编译并调试程序；

(3)连接并运行程序；

(4)检查输出结果是否正确。

【实验内容】

(1)阅读下列程序,判断横线处的语句是否有错误,若有错误该如何修改。

分析:指针是直接指向内存空间的变量,定义和使用步骤非常重要,一定要先定义,再赋值,再使用,否则将会引起内存错误。

```
#include<stdio.h>
void main()
{
   int a,b,*p,*q;
   p=&a;
   *p=10
   b=2;
   printf("%d,%d,%d,%d",a,b,*p,*q);/*判断此处有语法错误还是逻辑错误*/
}
```

(2)下列程序为了完成矩阵转置,请把程序补充完整。

分析：首先考虑应该定义一个什么样的指针可以访问数组里的元素，其次，转置的位置应该以对角线为轴进行考虑。

```
#include<stdio.h>
void chang(int a[3][3])
{
    int i,j,temp;
    int _____;        /*思考,应该定义一个什么类型的指针*/
    p=a;
    for(i=0;i<3;i++)
    for(j=____;j<3;j++)   /*思考,要做转置,列的起始位置应该在哪里*/
    {
        Temp=_____;    /*思考,如何通过指针变量访问数组里的元素*/
        _____=_____;
        _____=temp;
    }
}
int main()
{
    int a[3][3];
    int i,j;
    for(i=0;i<3;i++)
    for(j=0;j<3;j++)
    scanf("%d",&a[i][j]);
    chang(a);
}
```

(3)用指针访问数字元素输入两个字符串 a 和 b，编写程序实现 strcmp 函数同样的功能，即 a<b 时输出一个负数，a=b 时输出 0，a>b 时输出一个正数。

分析：strcmp 函数的功能是，两个字符串从下标为 0 的元素依次进行比较，直到遇到第一个不相同的字符的时候，哪个字符串中不相同的字符的 ASCII 码值大，该字符串即为较大字符串，输出一个正数量。

程序设计如下：

```
#include<stdio.h>
#include<string.h>
int com(char s1[ ],char s2[ ])
{
```

```c
        char *p1,*p2;
        for(p1=s1,p2=s2;p1!='\0'&&p2!='\0';p1++,p2++)
        {
            if(*p1>*p2)
            {
                return 1;
                break;
            }
            else if(*p1==*p2)   continue;
            else
            {
                return -1;
                break;
            }
        }
        if(strlen(s1)==strlen(s2))
            return 0;
        else if(p1!='\0')
            return 1;
        else return -1;
}
int main()
{
    char a[20],b[20];
    while(1)
    {
    gets(a);
    gets(b);
    printf("%d \n", com(a,b));
    }
    return 0;
}
```

运行结果:

从键盘上输入:asd
          asff

输出结果为:-1

从键盘上输入:asff

　　　　　asd

输出结果为:1

从键盘上输入:asd

　　　　　asd

输出结果为:0

(4)根据上题内容,把两个字符串改成用 strcmp 函数进行比较,体会字符串函数的用法。

分析:C语言函数库中提供字符串操作函数,可以直接使用字符串函数进行字符串比较,工作原理与上题相同。

程序设计如下:

```c
#include<stdio.h>
#include<string.h>
int com(char * p1,char * p2)
{
   if strcmp(p1,p2)>0 return 1;
   if strcmp(p1,p2)<0 return -1;
   if strcmp(p1,p2)==0 return 0;
}
int main()
{
   char a[20],b[20];
   while(1)
   {
   gets(a);
   gets(b);
   printf("%d \n", com(a,b));
   }
   return 0;
}
```

运行结果:

从键盘上输入:asd

　　　　　asff

输出结果为:-1

从键盘上输入:asff
                asd
输出结果为:1
从键盘上输入:asd
                asd
输出结果为:0

(5)主函数中定义两个整型数据,和两个指向该数据的指针,由被调函数返回这两个数据中值较大的数据的地址,并在主函数中输出。

分析:如果被调函数返回较大数的地址,被调函数就应该被定义为一个能够返回地址的函数,也就是一个指针函数。

程序设计如下:

```
#include<stdio.h>
int *fun(int *pt1,int *pt2)
{   int *pt;
    if(*pt1>*pt2)  return pt1;
    else   return pt2;
}
main()
{   int a,b,*p1,*p2,*max;
    printf("请从键盘上输入两个正整数:");
    scanf("%d,%d",&a,&b);
    p1=&a; p2=&b;
    max=fun(p1,p2);
    printf("%d \n",*max);
}
```

运行结果:

从键盘上输入:6 3

输出结果为:6

(6)编写函数实现,判断一个子字符串是否在某个给定的字符串中出现。

分析:用子串与原字符串进行比较,每次比较都到'\0'结束。

```
#include <stdio.h>
#include <string.h>
int IsSubstring(char *str,char *substr)
{   int i,j,k,num=0;
    for(i=0;str[i]!='\0' && num==0;i++)
```

```
        { for(j=i,k=0;substr[k]==str[j];k++,j++)
              if(substr[ k+1 ]=='\0')
              {   num=1;break;}
        }
        return num;
}
void main()
{   char string[81],sub[81];
    printf("enter first string:\n");
    gets(string);
    printf("enter second string:\n");
    gets(sub);
    printf("string '%s' is ", sub);
    if(! IsSubstring(string,sub))
       printf("not ");
    printf("substring of '%s\n", string);
}
```

运行结果：

从键盘上输入：hello! how are you!
　　　　　　 hello

输出结果：substring of hello

(7) 编写程序，用指针把一个 3 * 3 的矩阵里面的数据进行行列置换。

```
#include<stdio.h>
void swap(int a[3][3])
{
    int i,j,t;
    int (*p)[3]=a;
    for(i=0;i<3;i++)
        for(j=0;j<3;j++)
            if((i+j)% t==0)
            {t=*(*(p+i)+j); *(*(p+i)+j)=*(*(p+j)+i); *(*(p+j)+i)=t;}
}
int main()
{
    int a[3][3];
```

```
    int i,j;
    for(i=0;i<3;i++)
    for(j=0;j<3;j++)
    scanf("%d",&a[i][j]);
    swap(a);
    for(i=0;i<3;i++)
    {for(j=0;j<3;j++)
     printf("%d",a[i][j]);
     printf("\n");}
}
```

运行结果：

从键盘上输入：1　2　3
　　　　　　 4　5　6
　　　　　　 7　8　9

输出结果：1　4　7
　　　　 2　5　8
　　　　 3　6　9

【思考与练习】

(1)编写函数,对传递进来的两个整型量计算它们的和与积之后,通过参数返回。

(2)编写函数实现,计算字符串的串长。

(3)有 n 个人围成一圈,顺序排号。由用户从键盘输入报数的起始位置,从该人开始报数(计数从 0 开始),凡报数为 3 的倍数出圈。问最后剩下的是几号?

(4)由一个整型二维数组,大小为 m×n,要求找出其中最大值所在的行和列,以及该最大值。请编一个函数 max,数组元素在 main 函数中输入,结果在函数 max 中输出。

实验 8 结构体与共用体
Experiment 8

【实验目的】
(1)掌握结构体类型变量的定义和使用;
(2)掌握结构体类型数组的概念和应用;
(3)掌握链表的概念,初步学会对链表进行操作;
(4)掌握联合的概念与使用。

【实验准备】
(1)了解结构体和共用体之间有何区别;
(2)回顾冒泡排序的方法;
(3)熟悉指针的定义及使用方法;
(4)了解链表的基本概念及插入输出等常用操作方法。

【实验步骤】
(1)编辑源程序;
(2)对源程序进行编译并调试程序;
(3)连接并运行程序;
(4)检查输出结果是否正确。

【实验内容】
(1)输入并调试运行以下程序,看有何结果。

①
```
typedef union{long x[2];
    int y[4];
    char z[8];
}MYTYPE;
MYTYPE Them;
void main()
{
printf("%d\n",sizeof(them));
}
```

②
```
#include<stdio.h>
void main()
{struct date
```

```
    {int year,month,day;
    }today;
    printf("%d\n",sizeof(struct date));
    }
```
③void main()
```
    {
    enum team{my,your=4,his, her=his+10};
    printf("%d%d%d%d\n",my,your,his,her);
    }
```
④union data
```
    {
    int i[2];
    float a;
    long b;
    char c[4];
    };
    void main()
    {union data u;
    scanf("%d,%d",&u.i[0],&u.i[1]);
    printf("i[0]=%d,i[1]=%d\na=%f\nb=%ld\nc[0]=%c,c[1]=%c,
    c[2]=%c,c[3]=%c\n",u.i[0],u.i[1],u.a,u.b,u.c[0],u.c[1],u.c[2],
    u.c[3]);
    }
```
程序运行后,输入两个整数 10000,20000 给 u.i[0]和 u.i[1],分析运行结果。
```
struct node{int data;
struct node *link;
};
int min3(struct node *firt)
{struct node *p=first;
int m, m3=p->data+p->link->data+p->link->link->data;
for(p=p->link;p1=first&&p->link!=first&&p->link->link!=first;p=   )
    {m=p->data+p->link->data+p->link->link->data;
    if(  ) m3=m;
    }
```

```
        return(m3);
}
```

【思考与练习】

(1)有 5 个学生,包括学生学号、姓名和 3 门课程成绩,编程要求如下:

① 能输出总分最高和最低学生的姓名。

② 能计算每个学生的总成绩、平均分,并输出。

③ 编写的程序以 ex81.c 存盘。

④ 以下表为原始数据,进行调试运行,记录其结果。

Num	name	subject1	subject2	subject3
05160101	Yang HongXia	90	92	96
05160202	Jian BingHua	73	54	80
05160303	Fan ZhiWei	85	79	88
05160404	Lu Shong Chi	88	85	92
05160505	Ling Xiao Miao	76	62	70

(2)建立一通讯录,具体要求如下:

①建立如下通讯录结构:name[20](姓名),sex(性别),birthday(出生日期),address[20](联系地址),telephone[20](联系电话),其中 birthday 本身为一结构,由 year,month,day 三个成员组成。

②所有相关数据直接由主函数进行初始化。

③编写一函数,完成通讯录按姓名进行的排序(升序)操作。

④主函数调用排序函数,能输出指定姓名的相关数据。

⑤任意给出 5 位同学的相关数据,调试运行,编写的程序以 ex82.c 存盘。

(3)编程,5 个学生,每个学生的数据包括学号、姓名、三门课的成绩,从键盘输入 5 个学生数据,要求打印出三门课总平均成绩,以及最高分的学生的数据(包括学号、姓名、三门课的成绩、平均分数)。要求用一个 input 函数输入 5 个学生数据;用一个 average 函数求总平均分;用 max 函数找出最高分学生数据;总平均分和最高分的学生的数据都在主函数中输出。

(4)编程,13 个人围成一圈,从第 1 个人开始顺序报号 1、2、3。凡报到"3"者退出圈子,找出最后留在圈子中的人原来的序号。

(5)编程,建立一个链表,每个结点包括:学号、姓名、性别、年龄。输入一个年龄,如果链表中的结点包含的年龄等于此年龄,则将此结点删去。

【分析与总结】

(1)对各题运行结果进行分析。如果程序未能调试通过,应分析其原因。

(2)总结各题的编程思路,谈谈本次实验的收获与经验。

实验 9 文件与位运算

【实验目的】
(1) 了解文件的定义及使用方法;
(2) 掌握文件的打开、关闭等基本操作;
(3) 掌握位运算的基本操作。

【实验准备】
(1) 了解文件的定义;
(2) 明确文件指针的用法;
(3) 熟悉文件的基本操作;
(4) 了解位运算的基本运算方法。

【实验步骤】
(1) 编辑源程序;
(2) 对源程序进行编译并调试程序;
(3) 连接并运行程序;
(4) 检查输出结果是否正确。

【实验内容】
(1) 编写程序,能读入文本文件 f1.c 和 f2.c 中的所有整数,并把这些数按从大到小的次序写到文本文件 f3.c,文件中的相邻两个整数都用空格隔开,每 10 个换行,文件 f1.c,f2.c 中的整数个数都不超过 2000。

分析: 读 f1.c 文件和 f2.c 文件中整数,然后对文件的内容按照选择排序算法进行排序,最后将排序后的内容写入到 f3.c 文件中去。

程序设计如下:

```c
#include<stdio.h>
#include <stdlib.h>
main()
{
FILE * fp;
int a[2000],b[2000],c[4000],m,n,cn,i,j,t;
fp=fopen("f1.c","r");
for(m=0;! feof(fp);m++)
```

```c
      fscanf(fp,"%d ",&a[m]);
    fclose(fp);
    fp=fopen("f2.c","r");
    for(n=0;!feof(fp);n++)
      fscanf(fp,"%d ",&b[n]);
    fclose(fp);

    for(i=0;i<m-1;i++)
      for(j=i+1;j<m;j++)
        if(a[i]<a[j])
          {t=a[i];a[i]=a[j];a[j]=t;}
    for(i=0;i<n-1;i++)
      for(j=i+1;j<n;j++)
        if(a[i]<a[j])
          {t=a[i];a[i]=a[j];a[j]=t;}
    i=0;j=0;cn=0;
    while(i<m&&j<n)
      {if(a[i]<b[j]) t=a[i++];
       else if(a[i]>b[j])t=b[j++];
       else {t=a[i];i++;j++;}
       if(t!=c[cn-1])c[cn++]=t;
      }
    while(i<m)
    {if(a[i]!=c[cn-1])
      c[cn++]=a[i];
     i++;
    }
    while(j<n)
    {if(b[j]!=c[cn-1])
      c[cn++]=b[j];
     j++;
    }
    for(i=0;i<cn;i++)
      printf("%5d",c[i]);
}
```

(2)有 5 个学生,每个学生有 3 门课的成绩,从键盘输入以上数据(包括学生号、姓名、三门课成绩),计算出平均成绩,将原有数据和计算出的平均分数存放在磁盘文件 stud 中。

分析:先打开磁盘文件,按要求计算成绩,把结果写入到磁盘文件 stud 中去,关闭文件。

程序设计如下:

```
#include<stdio.h>
struct student
{ char num[10];
  char name[8];
  int score[3];
  float ave;
} stu[5];
void main()
{ int I,j,sum;
  FILE *fp;
  for(I=0;I<5;I++)
  { printf("n input score of student%d:n",I+1);
    printf("NO.:");
    scanf("%s",stu[i].num);
    printf("name:");
    scanf("%s",stu[i].name);
    sum=0;
    for(j=0;j<3;j++)
    { printf("score %d:" j+1);
      scanf("%d",&stu[i].score[j]);
      sum+=stu[i].score[j];
    }
  stu[i].ave=sum/3.0
  }
  fp=fopen("stud","w");
  for(I=0;I<5;I++)
    if(fwrite(&stu[i],sizeof(struct student),1,fp)!=1)
      printf("File write error\n");
  fclose(fp);
```

```
        fp=fopen("stud","r");
        for(I=0;I<5;I++)
        { fread(&stu[i],sizeof(struct student),1,fp);
            printf("%s,%s,%d,%d,%d,%6.2fn",stu[i].num,stu[i].name,stu[i].
            score[0], stu[i].score[1], stu[i].score[2],stu[i].ave);
        }
    }
```

(3)将上题 stud 文件中的学生数据按平均分进行排序处理,并将已排序的学生数据存入一个新文件 stu—sort 中。

分析:打开 stud 文件,建立 stu—sort 文件,打开该文件,把文件内容写入到 stu—sort 文件中去,进行排序,再关闭 stu—sort 文件。

程序设计:

```
#include <stdio.h>
#define N 10
struct student
{char num[10];
char name[8];
int score[3];
float ave;
}st[N],temp;
void main()
{
    FILE *fp;
    int I,j,n;
    if((fp=fopen("stud","r"))==NULL)
     {
     printf("can not open the file");
     exit(0);
     }
    printf("n file 'stud':");
    for(I=0;fread(&st[i],sizef(struct student),1,fp)!=0;I++)
    {
    printf("n%8s%8s",st[i].num,,st[i].name);
    for(j=0;j<3;j++)
        printf("%8d",st[i].score[j]);
```

```
        printf("%10.f",st[i].ave);
      }
      fclose(fp);
      n=I;
      for(i=0;i<n;i++)
        for(j=I+1;j<n;j++)
          if(st[i].ave<st[j].ave)
            { temp=st[i];
              st[i]=st[j];
              st[j]=temp;
            }
      printf("nnow:");
        fp=fopen("stu-sort","w");
        for(i=0;i<n;i++)
        { fwrite(&st[i],sizeof(struct student),1,fp);
          printf("n%8s%8s",st[i].num,st[i].name);
          for(j=0;j<3;j++)
          printf("%8d",st[i].score[j]);
          printf("%10.2f",st[i].ave);
          fclose(fp);
        }
}
```

(4)将上题已排序的学生成绩文件进行插入处理。插入一个学生的 3 门课成绩,程序先计算新插入学生的平均成绩,然后将它按平均成绩高低顺序插入,插入后建立一个新文件。

分析:打开 stu-sort 文件,插入学生 3 门课的成绩,按要求进行排序操作,然后建立一个新文件保存。

程序设计:

```
#include <stdio.h>
struct student
{char num[10];
char name[8];
int score[3];
float ave;
}st[10],s;
```

```c
void main()
{FILE *fp, *fp1;
int I,j,t,n; printf("n NO. :");
scanf("%s",s.num);
printf("name:");
scanf("%s",s.name);
printf("score1,score2,score3:");
scanf("%d,%d,%d",&s.score[0],&s.score[1],&s.score[2]);
s.ave=(s.score[0]+s.score[1]+s.score[2])/3.0;
if((fp=fopen("stu_sort","r"))==NULL)
{printf("can  not open file. ");
exit(0);
}
   printf("original data:n");
for(I=0;fread(&st[i],sizeof(struct student),1,fp)!=0;I++)
{printf("n%8s%8s",st[i].num,st[i].name);
   for(j=0;j<3;j++)
      printf("%8d",st[i].score[j]);
   printf("%10.2f",st[i].ave);
}
   n=I;
   for(t=0;st[t].ave>s.ave&&t<n;t++);
   printf("nnow:n");
   fp1=fopen("sort1.dat","w");
   for(I=p;j<t;I++)
      {fwrite(&st[i],sizeof(stuct student),1,fp1);
      print("n%8s%8s",st[i],num,st[i].name);
      for(j=0;j<3;j++)
         ptintf("%8d",st[i].score[j]);
      printf("%10.2f",st[i].ave);
      }
   fwrite(&s,sizeof(struct student),1,fp1);
   printf("n%8s%7s%7d%7d%7d%10.2f",s.num,s.name,s.score[0],
   s.score[1],s.score[2],s.ave);
   for(I=t;I<n;I++)
```

```
{fwrite(&st[i],sizeof(struct student),1,fp1);
printf("n %8s%8s",st[i].num,st[i].name);
for(j=0;j<3;j++)
printf("%8d",st[i].score[j]);
printf("10.2f",st[i].ave);
fclose(fp);
fclose(fp1);
}
}
```

(5)编一个将十六进制数转换成二进制形式显示的程序。

分析:构造一个最高位为1,其余各位为0的整数,输出最高位,将次高位移到最高位上,4位一组分开。

程序设计如下:

```
#include<stdio.h>
void main()
{
int num, mask, i;
printf("Input a hexadecimal number: ");
scanf("%x",&num);
mask = 1<<15;         /*构造1个最高位为1、其余各位为0的整数(屏蔽字)*/
printf("%d=",num);
for(i=1; i<=16; i++)
{   putchar(num&mask ? '1':'0');       /*输出最高位的值(1/0)*/
num <<= 1;                             /*将次高位移到最高位上*/
if( i%4==0)putchar(',');  /*四位一组,用逗号分开*/
}
printf("\bB\n");
}
```

运行结果:

从键盘上输入:A

输出结果为:1010

(6)从键盘读入10个浮点数,以二进制形式存入文件中。再从文件中读出数据显示在屏幕上。修改文件中第四个数据。再从文件中读出数据显示在屏幕上,以验证修改的正确性。

分析:打开需要写入的文件,把内容写入到文件中去。再从文件中读取,修改,显示,然后关闭文件。

程序设计:
```c
#include<stdio.h>
void ctfb(FILE *fp)
{
    int i;
    float x;
    for(i=0;i<10;i++)
    {   scanf("%f",&x);
        fwrite(&x,sizeof(float),1,fp);
    }
}
void fbtc(FILE *fp)
{
    float x;
    rewind(fp);
    fread(&x,sizeof(float),1,fp);
    while(!feof(fp))
    {  printf("%f ",x);
        fread(&x,sizeof(float),1,fp);
    }
}
void updata(FILE *fp,int n,float x)
{   fseek(fp,(long)(n-1)*sizeof(float),0);
    fwrite(&x,sizeof(float),1,fp);
}
void main()
{   FILE *fp;
    int n=4;
    float x;
    if((fp=fopen("e:file.dat","wb+"))==NULL)
    {  printf("can't open this file\n");
        exit(0);
    }
    ctfb(fp);   fbtc(fp);
```

```
        scanf("%f",&x);
        updata(fp,n,x);
        fbtc(fp);
        fclose(fp);
}
```

【思考与练习】

(1) C 文件操作有些什么特点？什么是缓冲文件系统和缓冲区？

(2) 什么是文件型指针、通过文件系统和文件缓冲区？

(3) 文件的打开与关闭的含义是什么？为什么要打开和关闭文件？

(4) 把一个 ASCII 文件连接在另外一个 ASCII 文件之后。例如，把 c:\\ex9_1.txt 中的字符连接在 c:\\ex9_2.txt 中之后。

(5) 有一磁盘文件 emploee，内存放职工的数据。每个职工的数据包括：职工姓名、职工号、性别、年龄、住址、工资、健康状况、文化程度。要求将职工名和工资的信息单独抽出来另建一个简明的职工工资文件。

(6) 从上题的"职工工资文件"中删去一个职工的数据，再存回原文件。

第 2 部分

习题参考答案

第1章习题答案

一、选择题

1. A 2. C 3. B 4. B 5. B

二、填空题

1. 函数 main()
2. /* */
3. printf() scanf()
4. Ctrl+F5 ctrl+F7 F7

第2章 Chapter 2

第2章习题答案

一、选择题

1. D 2. A 3. A 4. A 5. B 6. C 7. D 8. B 9. A 10. D

二、填空题

1. 2 4 4 8

2. 0.0

3. 2

4. 1

5. 6 4 2

6. 2.5

7. -16

8. (X<=Y)&&(Y<=Z)

9. ((x>20)&&(x<30))||(x<-100)

10. 2 1 1 1

三、阅读程序题

1. B66

2. 0,2

3. 6,2

4. 8,011,a

5. 1,0,1

6. i=123,j=45

四、编程题

1.
```
#include<stdio.h>
void main()
{
float score1,score2,score3,sum_score,ave_score;
printf("请输入学生3门课的成绩:");
scanf("%f,%f,%f\n",&score1,&score2,&score3);
sum_score=score1+score2+score3;
```

ave_score=sum_score/3;
printf("3门课总成绩是%.1f,平均分是%.2f",sum_score,ave_score);
}

2.
#include<stdio.h>
void main()
{
float F,C;
printf("请输入一个华氏温度:");
scanf("%f\n",&F);
C=5.0/9*(F-32);
printf("输出摄氏问题是%.2f",C);
}

3.
#include<stdio.h>
void main()
{
int num,ge,shi,bai;
printf("请输入一个三位数:");
scanf("%d\n",&num);
ge=num%10;
shi=num/10%10;
bai=num/100;
printf("个位是%d,十位是%d,百位是%d",ge,shi,bai);
}

第3章习题答案

一、选择题
1. B 2. D 3. B 4. B 5. B 6. D 7. C 8. C

二、填空题
1. (s>='0') && (s<='9')
2. 一条语句　分号(;)　x！=0
3. 常量　没有配对情况下执行后面语句
4. 2　3　1
5. 0

三、阅读程序题
1. 97,b
2. 10,10
3. 585858　4848　38
4. a=2,b=1

四、编程题
1.
＃include<stdio.h>
void main()
{
int num;
if(num%2==0)
printf("%d 是偶数。\n",num);
else
printf("%d 是奇数。\n",num);
}
2.
＃include<stdio.h>
void main()
{
float　x,y;
if(x>2)

y=x*(x+2);
else if(x<=?-1)
y=x-1;
else
y=1.0/x;
printf("当x的值是%f时y的值是%.2f。\n",x,y);
}
3.
#include<stdio.h>
void main()
{
int num1,num2,num3,num4,t;
printgf("请输入四个数字:");
scanf("%d%d%d%d",&num1,&num2,&num3,&num4);
if(num1>num2)
{t=num1;num1=num2;num2=t;}
if(num1>num3)
{t=num1;num1=num3;num3=t;}
If(num1>num4)
printf("%d 是最小数。\n",num4);
else
printf("%d 是最小数。\n",num1);
}
4.
#include<stdio.h>
void main()
{
int num,sum=0;
scanf("%d",&num);
if(num>=1000&&num<=9999)
{
sum=sum+num%10+num/10%10+num/100%10+num/1000;
printf("这个四位数各位上数字之和是:%d",sum);
}
else

printf("输入出错");
}
5.
if 实现多分支：
#include<stdio.h>
void main()
{
float kilo_num;
scanf("%f",&kilo_num);
if(kilo_num<=3)
printf("费用是%.2f",6);
else if(num<=10)
printf("费用是%.2f",6+(kilo_num-3)*1.2);
else
printf("费用是%.2f",6+(10-3)*1.2+(kilo_num-10)*1);
}
switch 实现多分支
#include<stdio.h>
void main()
{
float kilo_num;
scanf("%f",&kilo_num);
switch((int)kilo_num)
{
case 0：
case 1：
case 2：printf("费用是%.2f",6);break;
case 3：
case 4：
case 5：
case 6：
case 7：
case8：
case 9：printf("费用是%.2f",6+(kilo_num-3)*1.2);break;
default：printf("费用是%.2f",6+(10-3)*1.2+(kilo_num-10)*1);
}

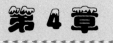

第4章习题答案

一、选择题

1. B 2. D 3. C 4. C 5. C 6. A 7. A 8. B 9. C 10. C
11. C 12. C 13. C 14. C 15. A 16. B

二、填空题

1. if — goto 语句、while 语句、do — while 语句、for 语句
2. break
3. 1098
4. i<10,j%3!=0

三、阅读程序题

1. #
2. a[0],0

四、编程题

1. 分析：通过循环和条件判断的结合，找出满足条件的整数，然后求出它们的和。

程序设计：

```
#include <stdio.h>
    void main( )
{
int i,sum;
sum=0;
    for(i=1;i<100;i++)
      if (i%10==6 && i%3==0)
         sum=sum+i;
printf("sum=%d",sum);
}
```

2. 分析：此题的关键在于如何找到每个满足条件的数据。

程序设计：

参考答案1：

#include<stdio.h>

```
#include<conio.h>
void main()
{
    int a,n,count=1;
    long int sn=0,tn=0;
    printf("please input a and n\n");
    scanf("%d,%d",&a,&n);
    printf("a=%d,n=%d\n",a,n);
    while(count<=n)
    {
        tn=tn+a;
        sn=sn+tn;
        a=a*10;
        ++count;
    }
    printf("sn=%ld\n",sn);
    getch();
}
```

参考答案 2：
```
#include<stdio.h>
void main()
{int i,sum=0,a,n;
printf("please input a and n\n");
scanf("%d,%d",&a,&n);
for(i=0;i<n;i++)
{
    sum+=a;
    a=10*a+2;
}
printf("sum=%d\n",sum);
    }
```

3. 分析：

程序设计：
```
#include <stdio.h>
#include <math.h>
```

```c
void main()
{
    int x;
    float s=1,t=1,i=1;
    printf("please input x:");
    scanf("%d",&x);
    do{
        t=-t*x/(i++);
        s+=t;
    }while(fabs(t)>0.000001);
    printf("%.2f\n",s);
}
```

4. 分析：

程序设计：

```c
#include<stdio.h>
void main()
{
int a,b,c,d,i;
i=100;
while(i<=999)
{
    a=i/100;
    b=(i-a*100)/10;
    c=i%10;
    if(i==a*a*a+b*b*b+c*c*c)
    printf("%d\n",i);
    i++;
}
}
```

5. 分析：

程序设计：

```c
#include<stdio.h>
void main()
{
    long i=0;
```

```
            long j=0;
            while(1)
            {
               if((i+1000)%43==0)
               {
                  int flag=0;
                  for(j=2;j<=1+i/2;j++)
                     if(i%j==0)
                        break;
                     else
                        flag=1;
                  if(flag)
                  {
                     printf("found：%d",i);
                     break;
                  }
               }
            i++;
         }
      }
```

6.

分析：

程序设计：
```
#include <stdio.h>
void main(){
int n;
int s = 0;
printf("请输入项数 n\n");
scanf("%i",&n);

for(int i = 0;i < n;++i){
s += (i * (i + 1) / 2);
}
printf("结果为：%i\n",s);
}
```

7. 程序设计：

```c
#include <stdio.h>
void main()
{
int i;
double result=0,sum=0,t=0;
for(i=1;i<=5;i++)
   {  t=t*10+i;
      result=1/t;
      sum=sum+result;
   }
printf("%f",sum);
}
```

第 5 章 Chapter 5

第 5 章习题答案

一、选择题

1. C 2. D 3. D 4. B 5. B 6. C

二、填空题

1. 数据类型；0；符号常量；越界

2. 连续；数组名；地址

3. 0；6

4. 2；0；0

5. Windows95

三、阅读程序题

1. 3 5 7 11

2. 600

3. gfedcba

4. 45

四、编程题

1. 分析：让数组下标为 i 的元素和下标为 N－i－1 的元素互换。

```
#include<stdio.h>
#define N 10
void main()
{
   int a[N],t,i;
   printf("请输入%d个数:",N);
   for(i=0;i<N;i++)
     scanf("%d",&a[i]);
   for(i=0;i<=N/2;i++)
   {
     t=a[i];
     a[i]=a[N-i-1];
     a[N-i-1]=t;
   }
   printf("逆序输出数组为:\n");
```

```
    for(i=0;i<N;i++)
      printf("%d,a[i]");
}
```

2.
```
#include<stdio.h>
#include<string.h>
void main()
{
    char s[200];
    int word=0,i;
    printf("输入一个英文句子:\n");
    gets(s);
    for(i=0;s[i]!='\0';i++)        /*判断该字符是不是空格符*/
      if(s[i]==' ')
         word++;                   /*如果是则单词数加1*/
    word++;                        /*计算最后一个单词*/
    printf("句子中的单词数为:%d\n",word);
}
```

3. **分析**:字符数组中的元素以'\0'作为结束标识,单词之间以空格作为分隔符,利用 for 循环逐个判断数组元素是否为空格,以 word 变量来计数单词个数,同时 word 也作为数组下标,最后单词的个数为 word 数加一。

```
#include<stdio.h>
#include<string.h>
void main()
{   char s[200];
    int word=0,i;
    printf("输入一个英文句子:\n");
    gets(s);
    for(i=0;s[i]!='\0';i++)
       if(s[i]==' ')
          word++;
    word++;
    printf("句子中的单词数为:%d\n",word);
}
```

4. **分析**:先找出每行的最大值元素的下标存入变量 maxj 中,在 maxj 这一列来判断 a[i][maxj] 是否为最小值，如果不是，则该点不是鞍点；如果是，则 a[i][maxj] 为鞍点。

程序如下：

```
#define N 4
#define M 4
#include"stdio.h"
void main()
{
    int [N][M]={{5,8,30,4},{60,-1,90,3},{4,-3,85,33},{-4,10,59,2}};
    int max,maxj,i,j,k,m,n,flag1,flag2;
    printf("二维数组如下：\n");
    for(i=0;i<N;i++)
    {
        for(j=0;j<M;j++)
            printf("%5d",a[i][j]);
        printf("\n")
    }
    flag2=0;
    for(i=0;i<N;i++)     /*对二维数组的每一行*/
    {
        max=a[i][0];
        for(j=0;j<M;j++)
          if(a[i][j]>max)
          {
              max=a[i][j];
              max=j;
          }
        flag1=1;
        for(k=0;k<=N&&flag;k++)
              if(max>a[k][maxj])
        flag1=0;
        if(flag1){
            printf("\n第%d行，第%d列的%d是鞍点\n",i,maxj,max);
            flag2=1;
```

                    }
                }
            if(! flag2)
                printf("\n 此二维数组中无鞍点！\n");
        }

5. **分析**：字符数组中的元素以'\0'作为结束标识,逐个读区数组中的每个元素,累计元素个数。

    #include<stdio.h>
    #include<string.h>
    void main( )
    {
        char s[100];
        int length;
        printf("输出一个字符串:");
        gets(s);
        for(length=0;s[length]! ='\0';length++);
        printf("字符串的长度为：%d\n",length);
    }

6. **分析**：首先让两个字符串都没结束时交替合并,接着处理源字符串 s1 中剩余字符,再处理源字符串 s2 中剩余字符,最后给新字符串 s3 末尾添加结束标志。

    #include<stdio.h>
    #include<string.h>
    void main( )
    {
        char s1=[100],s2=[100],s3=[100];
        int d1,d2,d3;
        printf("输入两个字符串:\n");
        gets(1);
        get(2);
        d1=d2=d3=0;
        while(s1[d1]! ='\0'&&s2[d2]! ='\0')
        {
            s3[d3]=s1[d1];
            s3[d3+1]=s2[d2];
            d1++;

```
            d2++;
            d3+=2;
        }
        while(s1[d1]!='\0')
        {
            s3[d3]=s1[d1];
            d1++;
            d3++;
        }
        while(s2[d2]!='\0')
        {
            s3[d3]=s2[d2];
            d2++;
            d3++;
        }
        s3[d3]='\0';
        printf("合并后的字符串是:%s\n",s3);
    }
```

第6章 习题答案

一、选择题

1. A 2. C 3. C 4. B 5. D 6. B 7. D 8. A 9. C 10. B

二、填空题

1. 函数的首部；函数体；

2. int；

3. 函数的类型；

三、阅读程序题

1. max is 2；

2. (1) x=2 y=3 z=0

   (2) x=4 y=9 z=5

   (3) x=2 y=3 z=0

3. 12

4. 8 4

四、编程题

1. **分析**：假设 tx 表示第 x 天的桃子数，由题意知 t10=1，因此 t10 推到 t1 是较容易的。t9/2−1=t10，则 t9=2*(t10+1)=4，t8=2*(t9+1)=10，依次递推可以得到 t7、…、t2、t1。递推关系如下：

t(n−1)=2*(tn+1)。

```
#include <stdio.h>
int tao_zi(int n)
{
    if(n==10)
        return 1;
    else
        return 2*(tao_zi(n+1)+1);
}
void main()
{
    printf("第一天的桃子数是%d",tao_zi(1));
}
```

2. **分析**：规定 1！＝1,0！＝1,n！＝n＊(n－1)！

```
long fact(int n)
{
    long f;
    if(n==1||n==0)
        return f=1;
    else
        return f=n*fact(n-1);
}
```

3. **分析**：三个数中最大数，先求出两个数中最大数，然后让该最大数与第三个数比较，两次调用两个数求最大数函数，得出三个数中最大数。

```
#include<stdio.h>
int max(int x, int y);
void main()
{
    int a,b,c,t;
    printf("请输入三个整数:");
    scanf("%d%d%d",&a,&b,&c);
    t=max(a,b);
    t=max(c,t);
    printf("三个数中最大数为%d\n",t);
}
int max(int x,int y)
{
    int z;
    if(x>y)
        z=x;
    else
        z=y;
    return z;
}
```

4. 素数即是只能被 1 和本身整除的数，也就是说如果从 2 到该数的一半都不能被整除即是素数。

```
#include<stdio.h>
```

```
int prime(int n);
void main()
{
    int m,t;
    printf("请输入一个正数:");
    scanf("%d",&m);
    t=prime(m);
    if(t==1)
       printf("%d 这个数不是素数\n",m);
    else
        printf("%d 这个数是素数\n",m);
}
int prime(int n)
{
    int i,flag=0;
    for(i=2;i<=n/2;i++)
       if(n%i==0)
    {
        flag=1;
        break;
    }
    return flag;
}
```

5.**分析**:根据冒泡排序法的思想,让相邻两个数比较大小。有 n 个数需要比较 n−1 趟。第一趟排序是第一个元素与第二个元素比较,第二个元素与第三个元素比较……依次类推最后是倒数第二个和倒数第一个元素比较,一趟排完后最大的元素找到了;第二趟排序是第一个元素与第二个元素比较,第二个元素与第三个元素比较……依次类推最后是倒数第三个和倒数第二个元素比较,一趟排完后次大的元素找到了……依次类推直到剩下一个元素时,不要要比较大小。

```
#include<stdio.h>
#define n 10
void main()
{
    int i,j,t,a[n];
    printf("请输入 10 个数:");
```

```
        for(i=0;i<n;i++)
            scanf("%d",&a[i]);
    printf("排序前的数为:");
        for(i=0;i<n;i++)
            printf("%d ",a[i]);
    for(j=1;j<n;j++)
        for(i=0;i<n-j;i++)
          if(a[i]>a[i+1])
          {
              t=a[i];
              a[i]=a[i+1];
              a[i+1]=t;
          }
    printf("\n 排序后的数为:");
        for(i=0;i<n;i++)
            printf("%d ",a[i]);
}
```

6. 分析闰年的 2 月有 29 天,非闰年的为 28 天。

```
#include <stdio.h>
void main()
{
    int y,m,d,n,f;
    printf("please enter 年 月 日:(用/进行分割)");
    scanf("%d/%d/%d",&y,&m,&d);
    f=(y%4==0&&y%100!=0||y%400==0);
    n=d;
    switch(m-1)
    {
    case 11:n+=30;
    case 10:n+=31;
    case 9:n+=30;
    case 8:n+=31;
    case 7:n+=31;
    case 6:n+=30;
    case 5:n+=31;
```

```
        case 4:n+=30;
        case 3:n+=31;
        case 2:n+=28+f;
        case 1:n+=31;
    }
    printf("n=%d\n",n);
}
```

7. 分析：先找到第一个字付串的结束标识符处，再利用循环逐个地把第二个字符串的内容复制到第一字符串的后面。

```
#include <stdio.h>
void  concatenate(char x[],char y[]);
void main()
{
    char a[40],b[20];
    printf("请输入第一个字符串长度小于20字符:");
    gets(a);
    printf("请输入第二个字符串长度小于20字符:");
    gets(b);
    concatenate(a,b);
    printf("两个字符串连接后的结果为:");
    puts(a);
}
void  concatenate(char x[],char y[])
{
        int i=0,j=0;
        while(x[i]!='\0')
           i++;
        while(y[j]!='\0')
            x[i++]=y[j++];
        x[i]='\0';
        puts(x);
}
```

8. 分析：先接受一串字符串，在逐个处理字符串里的字符，如果该字符是大写字母，或是小子字母，把它转换成它后面的字符。对于字符'Z'或'z'加1后，要减去26回到'A'或'a'字符。

```c
#include <stdio.h>
void main()
{
    char x[40];
    int i=0;
    printf("请输入第一个字符串:");
    gets(x);
    while(x[i]!='\0')
       {
         if(x[i]>='0'&&x[i]<='9')
         { printf("%d",x[i]-48);
           if(!(x[i+1]>='0'&&x[i+1]<='9'))
             printf(" ");
         }
           i++;
       }
}
```

9. **分析：**

```c
#include <stdio.h>
void main()
{
    int j,n;
    char ch[80];
    printf("\nInput cipher code:");
    gets(ch);
    printf("\ncipher code:%s",ch);
    j=0;
    while(ch[j]!='\0')
      {
        if((ch[j]>='A')&&(ch[j]<='Z'))
        {  ch[j]=ch[j]+1;
           if (ch[j]>'Z')
              ch[j]=ch[j]-26;
        }
        else if((ch[j]>='a')&&(ch[j]<='z'))
```

```
        {   ch[j]=ch[j]+1;
            if (ch[j]>'z')
                ch[j]=ch[j]-26;
        }
        j++;
    }
    n=j;
    printf("\n original text:");
    for(j=0;j<n;j++)
        putchar(ch[j]);
    printf("\n");

}
```

第7章 Chapter 7

第7章习题答案

一、选择题

1. D 2. B 3. A 4. C 5. D 6. C 7. B 8. B 9. D 10. A

二、填空题

1. 取地址单元的内容；取变量的地址

2. +2；+1

3. 8；4

4. s[i]<'0'||s[i]>'9' 或 !(s[i]>='0'&&s[i]<='9')；\0或0或NULL

5. *t++

6. *x；   t

7. p++

三、阅读程序题

1. *2*4*6*8*

2. 8,5

3. Think,Goodnight,Beautiful

四、编程题

1. 分析：定义可以指向整型数据的指针，该指针为指向元素的指针，指针提供间接访问方式，通过指针所指向的内容进行排序。

程序设计：

```
#include<stdio.h>
void swap(int *i,int *j)
{
    int t;
    t=*i;
    *i=*j;
    *j=t;
}
int main()
{
    int *n,*m,*l;
    int i,j,k;
```

```
    while(scanf("%d,%d,%d",&i,&j,&k)==3)
    {
        n=&i;
        m=&j;
        l=&k;
        if(i>j)   swap(n,m);
        else if(j>k) swap(m,l);
else if(i>k) swap(n,l);
printf("%d,%d,%d\n",i,j,k);
}
}
```

2. 分析：通过一个指向字符数组的指针统计数组中数字的个数。

程序设计：

```
#include <stdio.h>
#include <string.h>
void main()
{   char string[81],digit[81];
    char *ps;
    int i=0;
    printf("enter a string:\n");
    gets(string);
    ps=string;
    while(*ps!='\0')
    {if(*ps>='0' && *ps<='9')
        {   digit[i]=*ps;
            i++;
        }
        ps++;
    }
    digit[i]='\0';
    printf("string=%s   digit=%s\n",string,digit);
}
```

3. 分析：定义一个可以指向数组中元素的指针,虽然指向的元素在数组中,但指针仍然是一个指向普通元素的指针变量。

程序设计：

```
#include<stdio.h>
int main()
{
    char s[20];
    gets(s);
    char *p=s;
    int m=0,n=0,k=0,l=0,o=0;
    for(;*p!='\0';p++)
    {
        if(*p>='A'&&*p<='Z')
            m++;
        else if(*p>='a'&&*p<='z')
            n++;
        else if(*p==' ')
            k++;
        else if(*p>='0'&&*p<='9')
            l++;
        else o++;
    }
    printf("%d,%d,%d,%d,%d \n",m,n,k,l,o);
}
```

4. 分析：定义一个能够指向含有 3 个元素一维数组的指针,可以通过该指针访问二维数组中所有的数据元素。

程序设计：

```
#include<stdio.h>
void sum(int a[3][3])
{
    int i,j;
    int (*p)[3]=a;
    int sum=0;
    for(i=0;i<3;i++)
        for(j=0;j<3;j++)
            if(i==j)
                sum+=*(*(p+i)+j);
    printf("%d \n",sum);
```

}
```c
int main()
{
    int a[3][3];
    int i,j;
    for(i=0;i<3;i++)
    for(j=0;j<3;j++)
    scanf("%d",&a[i][j]);
    sum(a);
}
```

5. 分析：指针在扫描数组元素的同时，进行数据大小的比较。

程序设计：
```c
#include<stdio.h>
int main()
{
    int n;
    while(scanf("%d",&n)!=EOF)
    {
      int a[n];
      int *p,t;
      for(p=a;p<(a+n);p++)
      scanf("%d",p);
      for(p=a;p<(a+n);p++)
      printf("%d \n",*p);
       *p=0;
      for(int i=0;i<n;i++)
        if(*p<a[i])
          *p=a[i];
          printf("%d",*p);
    }
}
```

6. 分析：通过指向字符数组的指针，扫描字符数组，以'\0'为结束标记统计给定字符出现的次数。

程序设计：
#include <stdio.h>

```
#include <string.h>
int StringLength(char *s);
int StringLength(char *s)
{   int k;
    for(k=0;*s++;k++);
    return k;
}
void main()
{   char string[81];
    printf("enter a string:\n");
    gets(string);
    printf("length of the string=%d\n",StringLength(string));
}
```

运行结果：

从键盘上输入：hello! how are you.
　　　　　　　h

输出结果：length of the string=2

7. 分析： 按照字符串的匹配度，以'\0'为结束标记，统计字符串在原文中出现的次数。

程序设计：

```
#include <stdio.h>
#include <string.h>
int Occur(char *s, char c);
int Occur(char *s, char c)
{   int k=0;
    while(*s)
    {   if(*s==c)
            k++;
        s++;
    }
    return k;
}
void main()
{   char string[81],c;
    printf("enter a string:\n");
```

```
        gets(string);
        printf("enter a character:\n");
        c=getchar();
        printf("character %c occurs %d times in string %s\n",c,Occur(string,c),
        string);
}
```

8.**分析**:定义一个指向含有两个参数的指针,即函数指针,根据要求分别指向不同的函数,用来完成同一指针指向不同函数的操作。

程序设计:

```
#include <stdio.h>
int  sum(int x,int y)
{ int z;
    z=x+y;
    return z;
}
int  div(int x,int y)
{ int z;
    z=x-y;
    return z;
}
void main()
{ int a,b,s,d,(*p)(int,int);
    scanf("%d%d",&a,&b);
    p=sum;
    s=(*p)(a,b);
    p=div;
    d=(*p)(a,b);
    printf("a 和 b 的和为:%d",s);
printf("a 和 b 的差为:%d",d);
}
```

第8章 习题答案

一、选择题

1. C 2. B 3. D 4. B 5. A 6. D 7. C 8. B 9. C

二、填空题

1. 结构体或共用体

2. 0x1234,0x1234

3. 指定用DOU代表double类型

4. 0,3,5

5. 2,3

6. break; newp—>next=suc; pre—>next=newp;

三、阅读程序题

1. a*b****

2. 3

四、编程题

1. 分析：

```
#include<stdio.h>
struct student
   {char num[20];
    char name[20];
    int score[3];
    float avr;
   }stu[10];
void main()
{int i,j,max,maxi,sum;
printf("Please input 10 students data\n");
for(i=0;i<10;i++)
   {printf("The NO.%1d number:",i+1);
    scanf("%s",stu[i].num);
    printf("name:");
    scanf("%s",stu[i].name);
    for(j=0;j<3;j++)
```

```
        {printf("score%1d:",j+1);
         scanf("%d",&stu[i].score[j]);
        }
      }
  max=0;
  maxi=0;
  for(i=0;i<10;i++)
    {sum=0;
     for(j=0;j<3;j++)
        sum+=stu[i].score[j];
     stu[i].avr=(float)sum/3;
     if(sum>max)
       {max=sum;
        maxi=i;
       }
    }
  printf("number    name    score1    score2    score3    average\n");
  for(i=0;i<10;i++)
    {printf("%6s%7s",stu[i].num,stu[i].name);
     for(j=0;j<3;j++)
        printf("%8d",stu[i].score[j]);
     printf("%8.2f\n",stu[i].avr);
    }
  printf("The best student is %s,sum=%d\n",stu[maxi].name,max);
}
```

2. **分析:**

```
#include <stdio.h>
#include <malloc.h>
#include <string.h>
struct Node
{
char id[20];
char name[20];
char sex;
short age;
```

```
        Node * next;
    };
    Node * head, * p, * q;
    void main()
    {
    int i=0;
    p=(Node * )malloc(sizeof(Node));
    head=p;
    do
    { i=i+1;
        printf("请输入学号,小于 20 位:\n");
        scanf("%s",&p->id);
        printf("请输入姓名,小于 20 字符\n");
        scanf("%s",&p->name);
        printf("请输入性别,m:男,f:女\n");
        scanf("%c",&p->sex);
        printf("请输入年龄\n");
        scanf("%d",&p->age);
        q=(Node * )malloc(sizeof(Node));
        p->next=q;
        p=p->next;

    }while(i<=10);
    p=head;
    q=head;
    printf("请输入一个年龄");
    short year,n=0;
    scanf("%d",&year);
    if(p->age==year)
    {
        printf("%d",p->age);// 显示
        head=p->next;//删除
    }
    else
    {
```

```
    p=p->next;
    for(i=0; i<5;i++)
    {
     if(p->age==year)
     {
       n++;
       printf("%d",p->age);
       q->next=p->next;
       break;
     }
     else
     {
       p=p->next;
       q=q->next;
     }
    }
    if(n==0)
    {
     printf("NOT FOUND");
    }


}

for (i=1,p=head;p->next! =NULL;i++)
p=p->next;
printf("节点数为%d",i);
```

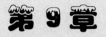

第9章习题答案

一、选择题

1. C 2. B 3. B 4. A 5. D 6. D 7. D 8. D 9. C 10. D

二、填空题

1. 二进制、ASCII

2. n-1、buf 的首地址

3. 真(非0)、假

4. 得到 fp 所指向文件的当前读写位置 NULL

5. 使文件位置指针重新返回文件的开始位置

三、阅读程序题

1. 123   456

2. 1,2,3,0,0,1,2,3,0,0,

四、编程题

1. **分析**：对输入的字符做判断，完成大小写字母的转换，再写入到文件中去。

程序设计：

```
#include <stdio.h>
#include <stdlib.h>
void main()
{
char ch[100];
int i;
FILE *fp;
for(i=0;(ch[i]=getchar())!='!'&&i<100;i++)
   if(ch[i]>='a'&&ch[i]<='z')
    ch[i]-=32;
if((fp=fopen("test.txt","w"))==NULL)
{
   printf("cannot open the file\n");
   exit(0);
}
for(i=0;ch[i]!='!';i++)
```

```
        fputc(ch[i],fp);
    fclose(fp);
}
```

2. 分析：首先读文件，对文件内容进行修改后，再存储为另外一个文本文件。

程序设计：

```c
#include<stdio.h>
void main()
{
    FILE *fr,*fw;
    int ct=0;
    char filer[100],filew[100];
    char buffer[500];
    printf("Input the file name to be open:\n");
    scanf("%s",filer);
    fr=fopen(filer,"r");
    if(fr){
    printf("Input the file name to be saved:\n");
    scanf("%s",filew);
    fw=fopen(filew,"w");
    while(fgets(buffer,500,fr))
    {ct++;
     fprintf(fw,"%d %s",ct,buffer);
    }
    printf("file saved successfully! \n");
    }
    else printf("file not found! \n");
    getch();
}
```

3. 分析：先读文件，然后对文件的内容按照选择排序算法进行排序，最后将排序后的内容写入到原文件中去。

程序设计：

```c
#include <stdio.h>
#include <stdlib.h>
int readtoarray(int *a,FILE *fp)//从文件里将整数读到数组里
{
```

```c
        int i=0;
    if(fp==NULL)
        {
    exit(0);
        }
        while(fgetc(fp)!=EOF)
        {
    fscanf(fp,"%d",&a[i]);
    printf("%d\n",a[i]);
    i++;
    }
    return i;
}
void writetofile(int a[],FILE *fp,int i)//将数组写到文件里去
{
        int k = 0;
    if(fp==NULL)
    {
    exit(0);
        }
        while(k<i)
        {
    fprintf(fp,"%c%d",' ',a[k++]);
        }
}
void selectionSort(int *a,int i)//选择排序
{
int m,n;
        int tmp,min;
for(m=0;m<i-1;m++)
    {
    min=m;
    for(n=m+1;n<i;n++)
        {
    if(a[n]<a[min])
```

```
            min=n;
        }
        tmp=a[m];
        a[m]=a[min];
        a[min]=tmp;
    }
}
int main()
{
    FILE * fp, * fpwrite;
    int i;
    int a[10];
    fp=fopen("2.txt","r");
    i=readtoarray(a,fp);
    fclose(fp);
    selectionSort(a,i);
    fpwrite=fopen("2.txt","w");
    writetofile(a, fpwrite,i);
    fclose(fpwrite);
    return 0;
}
```

4. 分析：数据右移 4 位，将 4~7 位移到低 4 位上，间接构造 1 个低 4 位为 1，其余各位为 0 的整数。

程序设计：

```
#include <stdio.h>
void main()
{
int num, mask;
    printf("Input a integer number: ");
    scanf("%d",&num);
    printf("the number:0x%x\n",num);
num >>= 4;
mask = ~(~0 << 4);
    printf("4~7 :0x%x\n", num & mask);
}
```

第3部分

计算机水平考试样卷

全国计算机等级考试笔试试卷
(二级)C语言程序设计

(考试时间90分钟,满分100分)

一、选择题(1)~(10)、(21)~(40)每题2分,(11)~(20)每题1分,70分)

下列各题A、B、C、D四个选项中,只有一个选项是正确的,请将正确选项填涂在答题卡相应位置上,答在试卷上不得分。

1. 下列关于栈叙述正确的是(   )。
   A. 栈顶元素最先能被删除   B. 栈顶元素最后才能被删除
   C. 栈底元素永远不能被删除   D. 以上三种说法都不对

2. 下列叙述中正确的是(   )。
   A. 有一个以上根结点的数据结构不一定是非线性结构
   B. 只有一个根结点的数据结构不一定是线性结构
   C. 循环链表是非线性结构
   D. 双向链表是非线性结构

3. 某二叉树共有7个结点,其中叶子结点只有1个,则该二叉树的深度为(假设根结点在第1层)(   )。
   A. 3   B. 4   C. 6   D. 7

4. 在软件开发中,需求分析阶段产生的主要文档是(   )。
   A. 软件集成测试计划   B. 软件详细设计说明书
   C. 用户手册   D. 软件需求规格说明书

5. 结构化程序所要求的基本结构不包括(   )。
   A. 顺序结构   B. GOTO跳转
   C. 选择(分支)结构   D. 重复(循环)结构

6. 下面描述中错误的是(   )。
   A. 系统总体结构图支持软件系统的详细设计
   B. 软件设计是将软件需求转换为软件表示的过程
   C. 数据结构与数据库设计是软件设计的任务之一
   D. PAD图是软件详细设计的表示工具

7. 负责数据库中查询操作的数据库语言是(   )。
   A. 数据定义语言   B. 数据管理语言

C. 数据操纵语言　　　　　　　　D. 数据控制语言

8. 一个教师可讲授多门课程，一门课程可由多个教师讲授。则实体教师和课程间的联系是（　　）。

　　A. 1∶1 联系　　B. 1∶m 联系　　C. m∶1 联系　　D. m∶n 联系

9. 有三个关系 R、S 和 T 如下，则由关系 R 和 S 得到关系 T 的操作是（　　）。

R		
A	B	C
a	1	2
b	2	1
c	3	1

S	
A	B
c	3

T
C
1

　　A. 自然连接　　B. 交　　C. 除　　D. 并

10. 定义无符号整数类为 UInt，下面可以作为类 UInt 实例化值的是（　　）。

　　A. −369　　　　　　　　　　B. 369

　　C. 0.369　　　　　　　　　　D. 整数集合{1,2,3,4,5}

11. 计算机高级语言程序的运行方法有编译执行和解释执行两种，以下叙述中正确的是（　　）。

　　A. C 语言程序仅可以编译执行

　　B. C 语言程序仅可以解释执行

　　C. C 语言程序既可以编译执行又可以解释执行

　　D. 以上说法都不对

12. 以下叙述中错误的是（　　）。

　　A. C 语言的可执行程序是由一系列机器指令构成的

　　B. 用 C 语言编写的源程序不能直接在计算机上运行

　　C. 通过编译得到的二进制目标程序需要连接才可以运行

　　D. 在没有安装 C 语言集成开发环境的机器上不能运行 C 源程序生成的 .exe 文件

13. 以下选项中不能用作 C 程序合法常量的是（　　）。

　　A. 1,234　　B. '\123'　　C. 123　　D. "\x7G"

14. 以下选项中可用作 C 程序合法实数的是（　　）。

　　A. .1e0　　B. 3.0e0.2　　C. E9　　D. 9.12E

15. 若有定义语句："int a=3,b=2,c=1;"，以下选项中错误的赋值表达式是（　　）。

　　A. a=(b=4)=3;　　　　　　B. a=b=c+1;

　　C. a=(b=4)+c;　　　　　　D. a=1+(b=c=4);

16. 有以下程序段

　　char name[20]; int num;scanf("name=%s,num=%d",name,&num);

当执行上述程序段,并从链盘输入:name=Lili   num=1001<回车>后,name 的值为( )。

A. Lili   B. name=Lili
C. Lilinum=   D. name=Lilinum=1001

17. if 语句的基本形式是:if(表达式)语句,以下关于"表达式"值的叙述中正确的是( )。

A. 必须是逻辑值   B. 必须是整数值
C. 必须是正数   D. 可以是任意合法的数值

18. 有以下程序
```
#include<stdio.h>
void main()
{
    int x=011;printf("%d\n",++x);
}
```
程序运行后的输出结果是( )。

A. 12   B. 11   C. 10   D. 9

19. 有以下程序:
```
#include<stdio.h>
void main()
{
    int s;scanf("%d",&s);while(s>0)
    {
        switch(s)
        {
            case 1:printf("%d",s+5);
            case 2:printf("%d",s+4);break;case 3:printf("%d",s+3);
            default:printf("%d",s+1);break;
        }
        scanf("%d",&s);
    }
}
```
运行时,若输入 1 2 3 4 5 0<回车>,则输出结果是( )。

A. 6566456   B. 66656   C. 66666   D. 6666656

20. 有以下程序段:
    int i,n;

```
for(i=0;i<8;i++)
{
    n=rand()%5;
    switch(n)
    {
        case 1:
        case 3:printf("%d\n",n);break;case 2:
        case 4:printf("%d\n",n);continue;case 0:exit(0);
    }
    printf("%d\n",n);
}
```

以下关于程序段执行情况的叙述,正确的是(   )。

A. for 循环语句固定执行 8 次

B. 当产生的随机数 n 为 4 时结束循环操作

C. 当产生的随机数 n 为 1 和 2 时不做任何操作

D. 当产生的随机数 n 为 0 时结束程序运行

21. 有以下程序

```
#include<stdio.h>
void main()
{
    char s[]="012xy\08s34f4w2";int i,n=0;
    for(i=0;s[i]!=0;i++)if(s[i]>='0'&&s[i]<='9')n++;
    printf("%d\n",n);
}
```

程序运行后的输出结果是(   )。

A. 0   B. 3   C. 7   D. 8

22. 若 i 和 k 都是 int 类型变量,有以下 for 语句

for(i=0,k=-1;k=1;k++)printf("****\n");

下面关于语句执行情况的叙述中正确的是(   )。

A. 循环体执行两次   B. 循环体执行一次

C. 循环体一次也不执行   D. 构成无限循环

23. 有以下程序:

#include<stdio.h>

void main()

{

```
    char b,c;int i;b='a';c='A';
    for(i=0;i<6;i++)
    {
       if(i%2)putchar(i+b);else putchar(i+c);
    }printf("\n");
}
```
程序运行后的输出结果是(   )。
A. ABCDEF   B. AbCdEf   C. aBcDeF   D. abcdef

24. 设有定义:double x[10],*p=x;以下能给数组 x 下标为 6 的元素读入数据的正确语句是(   )。
A. scanf("%f",&x[6]);   B. scanf("%1f",*(x+6));
C. scanf("%1f",p+6);   D. scanf("%1f",p[6]);

25. 有以下程序(说明:字母 A 的 ASCII 码值是 65)
```
#include<stdio.h>
void fun(char *s)
{
   while(*s)
   {
      if(*s%2)printf("%c",*s);
      s++;
   }
}
void main()
{
   char a[]="BYTE";fun(a);printf("\n");
}
```
程序运行后的输出结果是(   )。
A. BY   B. BT   C. YT   D. YE

26. 有以下程序:
```
#include<stdio.h>
void main()
{
   while(getchar()!='\n');
}
```
以下叙述中正确的是(   )。

A. 此 while 语句将无限循环

B. getchar()不可以出现在 while 语句的条件表达式中

C. 当执行此 while 语句时,只有按回车键程序才能继续执行

D. 当执行此 while 语句时,按任意键程序就能继续执行

27. 有以下程序:

```c
#include<stdio.h>
void main()
{
   int x=1,y=0;if(!x)y++;else if(x==0)
      if(x)y+=2;else y+=3;
   printf("%d\n",y);
}
```

程序运行后的输出结果是(   )。

A. 3   B. 2   C. 1   D. 0

28. 若有定义语句:char s[3][10],(*k)[3],*p;,则以下赋值语句正确的是(   )。

A. p=s;   B. p=k;   C. p=s[0];   D. k=s;

29. 有以下程序:

```c
#include<stdio.h>
void fun(char *c)
{
   while(*c)
   {
      if(*c>='a'&&*c<='z') *c=*c-('a'-'A');c++;
   }
}
void main()
{
   char s[81];gets(s);fun(s);puts(s);
}
```

当执行程序时从键盘上输入 HelloBeijing<回车>,则程序的输出结果是(   )。

A. hellobeijing   B. HelloBeijing
C. HELLOBEIJING   D. HELLOBeijing

30. 以下函数的功能是：通过键盘输入数据，为数组中的所有元素赋值。
```
#include<stdio.h>
#define N 10
void fun(int x[N])
{    int i=0;
     While(i<N)scanf("%d",_____);
}
```
在程序中下划线处应填入的是（   ）。
A. x+i   B. &x[i+1]   C. x+(i++)   D. &x[++i]

31. 有以下程序：
```
#include<stdio.h>
void main()
{
   char a[30],b[30];
   scanf("%s",a);gets(b);
   printf("%s\n%s\n",a,b);
}
```
程序运行时若输入：
how are you ? I amfine<回车>
则输出结果是（   ）。
A. how areyou?   B. how
      I am   fineare you?   I amfine
C. how are you? I amfine   D. how areyou?

32. 设有如下函数定义
```
int fun(int k)
{
   if(k<1) return 0;
   else if(k==1)return 1;else return fun(k-1)+1;
}
```
若执行调用语句：n=fun(3);，则函数 fun 总共被调用的次数是（   ）。
A. 2   B. 3   C. 4   D. 5

33. 有以下程序
```
#include<stdio.h>
int fun(int x,int y)
{
```

if(x!=y)return((x+y)/2);else return(x);
}
void main()
{
　　int a=4,b=5,c=6;printf("%d\n",fun(2*a,fun(b,c)));
}
```
程序运行后的输出结果是(　　)。
A. 3　　　　B. 6　　　　C. 8　　　　D. 12

34. 有以下程序
```
#include<stdio.h>
int fun()
{
　static int x=1;x*=2;
　return x;
}
void main()
{
　int i,s=1;for(i=1;i<=3;i++)s*=fun();printf("%d\n",s);
}
```
程序运行后的输出结果是(　　)。
A. 0　　　　B. 10　　　　C. 30　　　　D. 64

35. 有以下程序
```
#include<stdio.h>
#define S(x) 4*(x)*x+1
void main()
{
　int k=5,j=2;printf("%d\n",S(k+j));
}
```
程序运行后的输出结果是(　　)。
A. 197　　　　B. 143　　　　C. 33　　　　D. 28

36. 设有定义:struct {char mark[12]; int num1; double num2;}t1,t2;若变量均已正确赋初值,则以下语句中错误的是(　　)。
A. t1=t2;　　　　　　　　　B. t2.num1=t1.num1;
C. t2.mark=t1.mark;　　　　D. t2.num2=t1.num2;
```

37. 有以下程序
```
#include<stdio.h>
struct ord
{ int x,y;}dt[2]={1,2,3,4};
void main()
{
  struct ord *p=dt;
  printf("%d,",++(p->x));printf("%d,",++(p->y));
}
```
程序运行后的输出结果是(   )。
   A. 1,2   B. 4,1   C. 3,4   D. 2,3

38. 有以下程序：
```
#include<stdio.h>
struct S
{int a,b;}data[2]={10,100,20,200};
void main()
{ struct S p=data[1];printf("%d\n",++(p.a));
}
```
程序运行后的输出结果是(   )。
   A. 10   B. 11   C. 20   D. 21

39. 有以下程序
```
#include<stdio.h>
void main()
{
  unsigned char a=8,c;c=a>>3;
  printf("%d\n",c);
}
```
程序运行后的输出结果是(   )。
   A. 32   B. 16   C. 1   D. 0

40. 设 fp 已定义,执行语句 fp=fopen("file","w");后,以下针对文本文件 file 操作叙述的选项中正确的是
   A. 写操作结束后可以从头开始读
   B. 只能写不能读
   C. 可以在原有内容后追加写
   D. 可以随意读和写

二、填空题(每空 2 分,共 30 分)请将每空的正确答案写在答题卡【1】至【15】序号的横线上,答在试卷上不得分。

1. 有序线性表能进行二分查找的前提是该线性表必须是 __【1】__ 存储的。

2. 一颗二叉树的中序遍历结果为 DBEAFC,前序遍历结果为 ABDECF,则后序遍历结果为 __【2】__ 。

3. 对软件设计的最小单位(模块或程序单元)进行的测试通常称为 __【3】__ 测试。

4. 实体完整性约束要求关系数据库中元组的 __【4】__ 属性值不能为空。

5. 在关系 A(S,SN,D) 和关系 B(D,CN,NM) 中,A 的主关键字是 S,B 的主关键字是 D,则称 __【5】__ 是关系 A 的外码。

6. 以下程序运行后的输出结果是 __【6】__ 。

    ```c
    #include<stdio.h>
    void main()
    {
        int a;a=(int)((double)(3/2)+0.5+(int)1.99*2);printf("%d\n",a);
    }
    ```

7. 有以下程序

    ```c
    #include<stdio.h>
    void main()
    {
        int x;scanf("%d",&x);
        if(x>15)printf("%d",x-5);
        if(x>10)printf("%d",x);
        if(x>5)printf("%d",x+5);
    }
    ```

    若程序运行时从键盘输入 12<回车>,则输出结果为 __【7】__ 。

8. 有以下程序(说明:字符 0 的 ASCII 码值为 48)

    ```c
    #include<stdio.h>
    void main()
    {
        char c1,c2;scanf("%d",&c1);c2=c1+9;
        printf("%c%c\n",c1,c2);
    }
    ```

    若程序运行时从键盘输入 48<回车>,则输出结果为 __【8】__ 。

9. 有以下函数
```
#include <stdio.h>
void prt(char ch,int n)
{
   int i;for(i=1;i<=n;i++)
   printf(i%6!=0?"%c":"%c\n",ch);
}
```
执行调用语句 prt('*',24);后,函数共输出了 【9】 行*号。

10. 以下程序运行后的输出结果是 【10】 。
```
#include<stdio.h>
void main()
{
   int x=10,y=20,t=0;if(x==y)t=x;x=y;y=t;printf("%d%d\n",x,y);
}
```

11. 已知 a 所指的数组中有 N 个元素。函数 fun 的功能是,将下标 k(k>0)开始的后续元素全部向前移动一个位置。请填空。
```
void fun(int a[N], int k)
{  int i;
   for(i=k;i<N;i++)    a[ 【11】 ]=a[i];
}
```

12. 有以下程序,请在【12】处填写正确语句,使程序可正常编译运行。
```
#include<stdio,h>
  【12】 ; main()
{  double x,y,(*p)();
   scanf("%1f%1f",&x,&y);p=avg;printf("%f\n",(*p)(x,y));
}
double avg(double a,double b)
{return ((a+b)/2);}
```

13. 以下程序运行后的输出结果是 【13】
```
#include<stdio.h>
void main()
{int i,n[5]={0};for(i=1;i<=4;i++)
   {n[i]=n[i-1]*2+1;printf("%d",n[i]);}printf("\n");
}
```

14. 以下程序运行后的输出结果是 __【14】__
```
#include<stdio.h>
#include<stdlib.h>
#include<string.h>
void main()
{
    char * p; int i;
    p=(char * )malloc(sizeof(char) * 20); strcpy(p,"welcome");
    for(i=6;i>=0;i--)putchar( * (p+i));
    printf("\n");free(p);
}
```

15. 以下程序运行后的输出结果是 __【15】__
```
#include<stdio.h>
void main()
{
    FILE * fp;
    int x[6]={1,2,3,4,5,6},i;
    fp=fopen("test.dat","wb");fwrite(x,sizeof(int),3,fp);rewind(fp);
    fread(x,sizeof(int),3,fp);for(i=0;i<6;i++)printf("%d",x[i]);
    printf("\n");
    fclose(fp);
}
```

全国高等学校(安徽考区)计算机水平考试试卷
(二级)C语言程序设计(一)

(考试时间 90 分钟,满分 100 分)

一、单项选择题(每题 1 分,共 40 分)

1. 微型计算机最基本的输入/输出设备是(   )。
   A. 显示器和打印机   B. 鼠标和扫描仪
   C. 键盘和显示器   D. 键盘和数字化

2. 在 Windows XP 中,命令菜单呈灰色显示意味着(   )。
   A. 该菜单命令当前不能使用
   B. 选中该菜单命令后将弹出对话框
   C. 选中该菜单命令后将弹出下级子菜单
   D. 该菜单命令正在使用方面的应用

3. 现在的超市收银系统,属于计算机在(   )。
   A. 过程控制   B. 文件处理   C. 数据处理   D. 人工智能

4. 新购置的裸机首先要安装(   )。
   A. 字处理软件 B. 操作系统   C. 应用程序   D. 高级语言

5. 显示器的分辨率一般用(   )表示。
   A. 能显示多少个字符   B. 能显示的信息量
   C. 横向点数×纵向点数   D. 能显示的颜色数

6. 对计算机软件正确的认识应该是
   A. 计算机软件不需要维护
   B. 计算机软件只要能复制就不必购买
   C. 受法律保护的计算机软件不能随便复制
   D. 计算机软件不必备份

7. 计算机病毒可以使整个系统瘫痪,危害极大。计算机病毒是(   )。
   A. 空气中的灰尘   B. 一种生物病毒
   C. 错误的程序   D. 人为开发的程序

8. 网络"黑客"是指(   )的人。
   A. 总在夜晚上网
   B. 在网上恶意进行远程系统攻击、盗取或破坏信息的人

C. 不花钱上网

D. 匿名上网

9. 微型机中,U 盘使用的接口一般是(　　)。

　　A. 1394　　　　B. USB　　　　C. COM　　　　D. RS232－C

10. 收发电子邮件的必备条件之一是(　　)。

　　A. 通信双方都要申请一个付费的电子信箱

　　B. 通信双方电子信箱必须在同一服务器上

　　C. 电子邮件必须带有附件

　　D. 通信双方都有电子信箱

11. 一个 C 语言程序是由(　　)。

　　A. 一个主程序和若干子程序组成　　　B. 若干函数组成

　　C. 若干过程组成　　　　　　　　　　D. 若干子函数组成

12. 下列关于 C 语言标识符的叙述中正确的是(　　)。

　　A. 标识符中可以出现下划线和中划线(减号)

　　B. 标识符中不可以出现中划线,但可以出现下划线

　　C. 标识符中可以出现下划线,但不可以放在用户标识符的开头

　　D. 标识符中可以出现下划线和数字,它们都可以放在用户标识符的开头

13. 若有定义:int a＝8,b＝5,c;,执行语句 c＝a/b＋0.4;后,c 的值为(　　)。

　　A. 0.4　　　　B. 1　　　　C. 2.0　　　　D. 0

14. 若有代数式 $\frac{3ae}{bc}$,则不正确的 C 语言表达式是(　　)。

　　A. a/b/c＊e＊3　　　　　　　　　　B. 3＊a＊e/b/c

　　C. 3＊a＊e/b＊c　　　　　　　　　　D. a＊e/c/b＊3

15. 以下合法的 C 语言赋值语句是(　　)。

　　A. a＝b＝58;　　　　　　　　　　　B. k＝int(a＋b);

　　C. a＝58,b＝58;　　　　　　　　　　D. ——i;

16. C 语言中,运算对象不能是实型数的运算符是(　　)。

　　A. ％　　　　B. /　　　　C. ++　　　　D. ＊

17. 若有:"int c1＝1,c2＝2,c3;c3＝c1/c2;",则 c3 的值是(　　)。

　　A. 0　　　　B. 1/2　　　　C. 0.5　　　　D. 1

18. 若有:"int k＝7,x＝12;",则以下表达式中值为 3 的是(　　)。

　　A. x％＝k－2　　　　　　　　　　　B. (x％＝k)－2

　　C. x＝x％(k－2)　　　　　　　　　　D. x％＝2

19. 设有以下语句:int b;char e[10],则正确的输入语句是(   )。
    A. scanf("%d%s",&b,c[10]);   B. scanf("%d%s",&b,c);
    C. scanf("%d%s",b,c);   D. scanf("%d%s",b,&c);

20. 以下选项中,判断 char 型变量。是否为大写字母的表达式是(   )。
    A. ′A′<=c<=′Z′   B. (c>=′A′)||(c<′Z′)
    C. (″A′<c) AND (′Z′>c)   D. (c>=′A′)&&(c<′Z′)

21. 已知字符'A'的 ASCII 码为 65,以下程序段的输出的结果是(   )。
        char c1=′A′,c2=′C′;
        printf("%c,%d\n",c1,c2);
    A. 65,C   B. A,67   C. A,C   D. 65,67

22. 与关系表达式 a!=0 等价的表达式是(   )。
    A. a<>0   B. !a   C. a=0   D. a

23. 语句 while(!E) i++;中的条件"!E"等价于(   )。
    A. E==0   B. E!=1   C. E!=0   D. ~E

24. 以下能正确定义二维数组 a 的是(   )。
    A. int a[3][];   B. float a(3,4);
    C. double a[3][4];   D. float a[3,4];

25. 设有 int a1[10]={6,7,8,9,10};,以下正确的理解是(   )。
    A. 将 5 个初值依次赋给 a[1]至 a[5]
    B. 将 5 个初值依次赋给 a[0]至 a[4]
    C. 将 5 个初值依次赋给 a[6]至 a[10]
    D. 因为数组长度与初值的个数不相同,所以此语句不正确

26. 设有下面的程序段:
        char a[10]="China";
        a[2]=′\0′;
        printf("%s",a);
    则(   )。
    A. 运行后将输出 China   B. 运行后将输出 Chin
    C. 运行后将输出 Chi   D. 运行后将输出 Ch

27. 以下程序段的输出结果是(   )。
        printf("%d\n",strlen("ABC\0ABC\n"));
    A. 8   B. 10   C. 3   D. 4

28. 若用数组名作为函数调用的实参,传递给形参的是(   )。
    A. 数组的首地址   B. 数组第一个元素的值

C. 数组中全部元素的值 1   D. 数组元素的个数

29. 以下正确的说法是(　　)。
    A. 实参和与其对应的形参各占用独立的存储单元
    B. 实参和与其对应的形参共占用一个存储单元
    C. 只有当实参和与其对应的形参同名时才共占用存储单元
    D. 形参是虚拟的,不占用存储单元

30. C语言中函数返回值的类型是由(　　)决定。
    A. return 语句中的表达式类型   B. 调用函数的主调函数类型
    C. 调用函数时临时   D. 定义函数时所指定的函数类型

31. 以下程序段的输出结果是(　　)。
    int a[10]={1,2,3,4,5,6,7,8,9,10},*p=a+2;
    printf("%d\n",*p);
    A. 3   B. 4   C. 1   D. 2

32. 以下程序段中调用 scanf 函数给变量 a 输入数值的方法是错误的,原因是(　　)。
    int *p,a;
    p=&a;
    scanf("%d",*p);
    A. *p 表示的是指针变量 p 的地址
    B. *p 表示的是变量 a 的值,而不是变量 a 的地址
    C. *p 表示的是指针变量 p 的值
    D. *p 只能用来说明 p 是一个指针变量

33. 若有 int a[2][3],(*p)[3];p=a;,则对 a 数组元素 a[i][j]的正确引用为(　　)。
    A. *(p+i)+j   B. p[i]+j
    C. a[i]+j   D. *(*(p+i)+j)

34. C语言中,二维数组也可以理解为连续存储的一维数组。例如已定义:
    int a[3][4]={1,2,3,4,5,6,7,8,9,10,11,12},*p=&a[0][0];
    则能够正确表示数组元素 a[1][2]的表达式是(　　)。
    A. *(p+1+2)   B. *(p+1*3+2)
    C. *(*(p+1)+2)   D. *(p+1*4+2)

35. 执行下面程序段后,输出结果是(　　)。
    char s1[50]={"Good luck*"},s2[]={"to you!"};
    printf("%s\n", strcpy(sl,s2));

A. Good luck * B. Good luck * to you
C. Good luck to you! * D. to you!

36. 执行以下程序后,输出结果是( )。
```
#include <stdio.h>
#define QQ(X) X+X
void main()
{int a=5;
printf("%d",a*QQ(5));
}
```
A. 30   B. 50   C. 25   D. 10

37. 已知:
```
struct STUDENT
{int no;
char name[20];
int age;
} student, *p=&student;
```
以下对结构变量 student 中成员 age 的非法引用是( )。
A. student.age1   B. (*p).age
C. p->age   D. p.age

38. 已知:
```
char c[2];
float f;
```
则 sizeof(a) 的值是( )。
A. 2   B. 4   C. 5   D. 6

39. 表达式 "64>>2" 的值等于( )。
A. 4   B. 8   C. 16   D. 32

40. 已知:FILE *fp;,则以下选项中以只读方式打开一个已经存在的文件 "resul.txt" 的语句是( )。
A. fp=fopen("result.txt","a");
B. fp=fopen("result.txt","w");
C. fp=fopen("result.txt","r");
D. fp=fopen("result.txt","r+");

二、填空题(每空 2 分,共 20 分)

1. 结构化程序设计的三种基本结构分别为:顺序结构、选择结构和_____。

2. 已知"int a=9,b=5;",则 a=a%b,a-2 等于_____。

3. 已知"int a=9,b=6;",则表达式！a<b 的值为_____。

4. 以下程序段能输出_____个偶数。

   int i;for(i=1;i<20;i=i+3) printf("%d\n",i);

5. 表示存储类型的关键字有_____、static,register 和 externo

6. 以下程序段的输出结果为_____。

   char s[]= "HelloWorld！"；

   printf("%s",s+5)；

7. 已知"int a[100]={1,2,3,4,5,6,7,8,9,10};",则数组 a 有_____个元素。

8. 已知"int a[3][3]={{1,2,3},{2,3,4},{3,4,5}};",则 a[0][0]+a[1][1]+a[2][2]的值等_____。

9. 表达式 strlen("\0")的值为_____。

10. C 程序中,通常使用(   )函数来关闭文件。

三、阅读理解题(每题 4 分,共 20 分)

1. 以下程序的执行结果是

   ＃include <stdio.h>

   void main()

   {int a,b,c;

   a=b=c=5;

   a+=(b%=2)+(c+=1);

   prinf("%d,%d,%d",a,b,c);}

2. 以下程序的运行结果是

   ＃include <stdio.h>

   void main()

   {int x,y,z;

   x=1;

   y=++x;

   if(x>y)

   z=x+y;

   if(x>=y)

   z=x-y;

   printf("%d,%d,%d",x,y,2);

   }

3. 下面程序的运行结果是

   ＃include <stdio.h>

   void main()

```
{int a,s,n,count;
a=2;s=0;n=1;count=1;
while(count<7)
n=n*a;
s=s+n;
++count;
printf("%d",s);
}
```

4. 当运行以下程序时,从键盘键入12345#后回车,则下面程序的运行结果是(   )。

```
#include <stdio.h>
void main()
{char c;
while ((c=getchar())!='#')
putchar(++c);}
```

5. 以下程序执行的运行结果是(   )。

```
#include <stdio.h>
int f=1;
int fun(int n)
{f=f*n;
  return f;}
void main()
{int i;
for(i=1;i<=4;i++)
printf("%4d",fun(i));}
```

四、编程题(第1题6分,第2、3题各7分,共20分)

1. 编写程序,键盘输入三个数,计算并输出其中的最大数。

2. 编写程序计算1~100之间所有含数字6或9的数之和,即:
   s=6+9+16+19+26+29++60+61+…+90+91+…+99

3. 已知char s[]="2476193085";,利用循环语句,编写程序将s中的字符输出如下面的图形:

   2
   47
   619
   3085

全国高等学校(安徽考区)计算机水平考试试卷
(二级)C语言程序设计(二)

(考试时间90分钟,满分100分)

一、程序填空题(每题12分,共36分。将答案填写在相应的下划线处)

1. 以下程序从键盘输入一个整数,输出其对应的英文是星期单词。若输入的整数在1到7之外,则输出"Error!",请填空。

```
#include<stdio.h>
void main( )
{
int n;
printf("Input n:");
scanf("%d",&n);
switch(n)
{
case 1:printf("Monday\n");break;
    case2:printf("Tuesday\n");break;
    case3:printf("Wednesday\n");break;
    case4:printf("Thursday\n");break;
    case5:printf("Firday\n");break;
    case6:printf("Saturday\n");break;
    case7:printf("Sunday\n");break;
    _____:printf("Error! \n");
}
}
```

2. 以下程序输出一维数组中的最大元素及其下标值,请填空。

```
#include<stdio.h>
int search(int a[],int n)      /*求最大元素的下标*/
{
int i,max;
max=_____;
for(i=1;i<n;i++)
```

```
        {
            if(a[i]>a[max])
                max=_____;
        }
        return max;
    }
    void main()
    {
        int a[10]={13,1,-5,4,9,100,-8,7,-6,2};
        int max;
        _____=search(a,10);
        printf("最大值:%,下标:%d\n",a[max],max);
    }
```

3. 以下程序定义求 n! 的递归函数 f(   ),并调用函数 f(   )求 2!+3!+4!+5!+6! 的值,请填空。(说明:n!=1*2*3*…*n)

```
    #include<stdio.h>
    int f(int n)
    {
        if(n==1||n==0)
            return _____;
        else
            return n*f(n-1);
    }
    void main()
    {
        int i,s;
        s=_____;
        for(i=2;i<=6;i++)
            s+=f(i);
        printf("2!+3!+4!+5!+6!=%d\n",_____);
    }
```

二、阅读程序题(每题 8 分,共 32 分。将答案写在相应的空白处)

1. 以下程序运行的结果是_____。

```
    #include<stdio.h>
    void main()
```

```
{
int a=3,b=-3,c;
if(a<b+3)
c=0;
else
c=-1;
printf("c=%d\n",c);
c=3;
if(a<b)
{
if(3==c)
a=a+b;
else
a=a-b;
}
printf("a=%d,b=%d,c=%d",a,b,c);
}
```

2. 以下程序的运行结果是_____。
```
#include<stdio.h>
void main()
{
int i,j;
int s=0;
for(i=1;i<5;i++)
{
j=i*10+6;
printf("%d",j);
if(0==j%4)
s=s+j;
}
printf("\ns=%d\n",s);
}
```

3. 以下程序运行的结果是_____。
```
#include<stdio.h>
void main()
```

```
{
    int sum1=0,sum2=0;
    int a[3][3]={{1,2,3},{4,5,6},{7,8,9}};
    int i,j;
    for(i=0;i<3;i++)
    for(j=0;j<3;j++)
    sum1+=a[i][j];
    printf("sum1=%d\n",sum1);
    for(i=0;i<3;j++)
    if(i==j||i+j==2)
    sum2+=a[i][j];
    printf("sum2=%d\n",sum2);
}
```

4. 以下程序运行的结果是_____。

```
#include<stdio.h>
void swap(int *a,int *b)
{
    int temp;
    temp=*a;
    *a=*b;
    *b=temp;
}
void main()
{
    int a=15,b=25;
    printf("a=%d\,b=%d,\n",a,b);
    swap(&a,&b);
    printf("a=%d,b=%d\n",a,b);
}
```

三、程序设计题(每题 6 分,共 32 分)

1. 输入两个整数 m 和 n(m<n),计算 m 和 n 之间所有整数之和(包括 m 和 n)。

2. 编程实现以下功能:
   (1)输入一个字符串:
   (2)在其中所有数字字符前加上 $ 字符:
   (3)输入变换后的字符串。
   举例说明:若输入字符串为:A1B23C456,则输出为:A $ 2B $ 2 $ 3C $ 4 $ 5 $ 6。

全国高等学校(安徽考区)计算机水平考试试卷
(二级)C语言程序设计(三)

(考试时间90分钟,满分100分)

一、程序填空题(每题12分,共36分。将答案填写在相应的下划线处)

1. 以下程序是从键盘输入10个整数,计算并输出其中正数、负数的和。请填空。

```
#include <stdio.h>
void main()
{
int i,num,sum1,sum2;
sum1=0;sum2=0;
for (i=1;i<=10;i++)
  {scanf("%d",_____);
    if(_____)
      sum1=sum1+num;
    else if (num<0)
      _____;
  }
printf("%d,%d\n",sum1,sum2);
}
```

2. 以下程序是求一维数组个元素之和。请填空。

```
#include <stidio.h>
void main()
{
  int s[10]={1,3,5,7,9,2,4,6,8,10};
  int i,sum;
  sum=_____ ;
  for (i=0;i<10;i++)
  sum+=_____;
  printf("sum=%d\n", _____);
}
```

3. 以下程序是把字符串 s 中所有数字字符按以下规律改写：

(1)0,1,2,3,4,5,6,7,8 分别对应改写成 1,2,3,4,5,6,7,8,9；

(2)9 改为 0；

(3)其他字符保持不变

```c
#include <stdio.h>
void main()
{ char s[81];
  int i;
  gets(_____);
  for(i=0;s[i]!='\0';i++)
  {
    if (s[i]=='9')
      s[i]=_____;
    else if(s[i]>='0'&&s[i]<='8')
      s[i]=_____;
  }
  printf("%s\n",s);
}
```

二、阅读程序题(每题 8 分,共 32 分。将答案填写在相应的空白处)

1. 以下程序的运行结果是_____。

```c
#include <stdio.h>
void main()
{
  int y=1,a=0,b=0;
  switch(y)
  {case 0:a++;break;
   case 1:b++;break;
   case 2:a++;b++;break;
  }
  printf("a=%d,b=%d\n",a,b);
}
```

2. 以下程序的运行结果是_____。

```c
#include <stdio.h>
void main()
{
```

```
        int a[4][4]={16,15,14,13,12,11,10,9,8,7,6,,5,4,3,2,1};
        int i,j,s=0;
    for (i=0;i<4;i++)
        for(j=0;j<4;j++)
            if(i==j||i+j==3)
                s=s+a[i][j];
            printf("s=%d\n",s);
    }
```

3. 以下程序的运行结果是_____。
```
    #inclue <stdio.h>
    void main()
    {
    int i=0;
    char [13]="Hellow world";
    while(s[i]!='\0')
        i++;
        while(--i>=0)
            printf("%c",s[i]);
        printf("\n");
    }
```

4. 以下程序运行的结果是_____。
```
    #include <stdio.h>
    int abc(int a,int b)
    {
    int c;
    c=a+b;
    return c;
    }
    void main()
    {
    int x=30,y=20;
    printf("%d\n",abc(x,y));
    }
```

三、程序设计题(每题 16 分,共 32 分)

1. 编写程序,计算 200 到 700 之间所有能被 11 整除的奇数之和。

2. 编写程序输出下面的图形:
    A
    BC
    DEF
    GHIJ
    KLMNO

参考文献

[1] 杜庆东.C语言程序设计上机实验指导及习题解答.北京:清华大学出版社,2015年.

[2] 孙家启.新编C语言程序设计上机实验教程.北京:中国水利水电出版社,2013年.

[3] 刘欣亮.C语言上机实验指导,2版.北京:电子工业出版社,2018年.

[4] 张书云等.C语言程序设计实验及习题解答.北京:清华大学出版社,2016年.

[5] 张晓峰等.C语言程序设计习题集与实验指导.北京:清华大学出版社,2015年.